VPythonで見て学ぶ
物理シミュレーション入門

國仲寛人 著

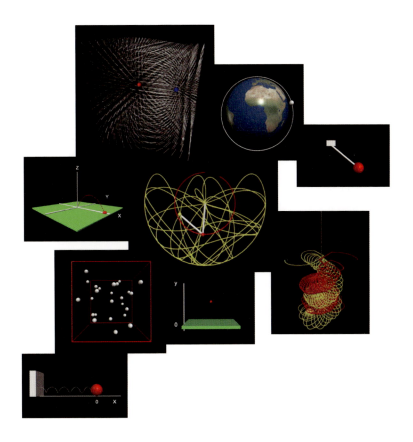

技術評論社

本書で使用しているサンプルコードは、以下のサポートページからダウンロードできます。

https://gihyo.jp/book/2024/978-4-297-14558-3/support

また、動作確認は、以下の環境で行いました。
［Windows］Windows 11 Pro（バージョン 23H2）
［Mac］macOS Sonoma（バージョン14.6.1）
［Anaconda］Anaconda3 2024.06-1 (64-bit)
［Python］Python 3.12
［VPython］VPython 7.6.5

- 本書に記載された内容は、情報の提供のみを目的としています。したがって、本書の記述に従った運用は、必ずお客様ご自身の責任と判断によって行ってください。これらの情報の運用の結果について、技術評論社および著者は如何なる責任も負いません。

- 本書記載の情報やURLは発刊時のものを掲載していますので、ご利用時には変更されている場合もあります。ソフトウェアはバージョンアップされる場合があり、本書での説明とは機能内容や画面図などが異なってしまうこともあり得ますので、ご了承ください。

- 以上の注意事項をご承諾いただいた上で、本書をご利用願います。これらの注意事項をお読みいただかずにお問い合わせいただいても、技術評論社および著者は対処しかねます。あらかじめご承知おきください。

- 本文中に記載されている会社名、製品名は、すべて関係各社の商標または登録商標です。

はじめに

　本書は、物理シミュレーションについて学びたい方々のために書かれた、Python
とVPythonの解説書です。Pythonは、学習しやすさに加え、様々な目的のために
利用できるライブラリが豊富に用意されていることから、近年人気の高いプログラ
ミング言語の一つとなっています。また、VPythonは、3次元のグラフィックスや
アニメーションを作成するための、Pythonのライブラリです。Pythonに加え、
VPythonの基本的な使い方を学習すれば、動画サイト等で紹介されているレベルの
物理シミュレーション動画を、比較的短時間で作成できるようになるでしょう。

　読者としては、高校レベルの数学や物理を学んだ（または学んでいる途中の）、
次のような方々を想定しています。

- 「情報Ⅰ」の授業内容の理解を深め、発展させたい高校生
- Pythonによる物理シミュレーションを卒業研究のテーマにしたい大学生
- シミュレーション結果をグラフやアニメーションにし、プレゼン資料を作成したい大学院生
- 趣味で物理シミュレーションの動画を作ってみたい社会人

　本書の例題には、高校の物理・物理基礎の教科書に登場する問題を数多く取り上
げました。高校や大学で、物理や情報系の科目を担当する先生方にとっても、本書
が役立つ機会があれば幸いです。

　本書が、物理シミュレーションを学ぶ方々の一助となることを願っています。

2024年10月 國仲 寛人

CONTENTS

はじめに 3

第1章 VPythonをはじめよう

1.1 VPythonとは何だろう？ 10

1.2 本書の目的 11

1.3 本書の構成 12

1.4 サンプルプログラムを動かしてみよう 13

    1.4.1 原子固体（AtomicSolid-VPython） 14

    1.4.2 二重振り子（DoublePendulum-VPython） 15

    1.4.3 連星の運動（BinaryStar-VPython） 15

    1.4.4 グラフの描画（GraphTest, Plot3D） 16

    1.4.5 ストーンヘンジ（Stonehenge-VPython） 17

    1.4.6 剛体球ガス（HardSphereGas-VPython） 17

第2章 プログラミング環境を整えよう

2.1 プログラミング環境の構築 20

    2.1.1 Windows版Anacondaのインストール 21

    2.1.2 Mac版Anacondaのインストール 29

2.2 Jupyter Notebookの起動と基本操作 36

    2.2.1 ファイルとフォルダの操作 37

    2.2.2 ノートブックの新規作成 37

    2.2.3 プログラムの実行 39

    2.2.4 マークダウン記法 41

第3章 Pythonの基本文法

3.1 四則演算 46

    3.1.1 複素数の計算 47

    3.1.2 数学関数を用いた計算 48

3.2 変数を使う計算 51

3.3	コメントの入力	53
3.4	複数の命令文を1行で書く	54
3.5	データ型	55
3.5.1	整数型	55
3.5.2	小数型	56
3.5.3	文字列型	56
3.5.4	真偽型	57
3.5.5	リスト型	58
3.5.6	その他のデータ型	60
3.6	関数	61
3.6.1	データを出力するprint関数	61
3.6.2	整数列を作るrange関数	62
3.6.3	文字列の文字数をカウントするlen関数	62
3.6.4	データを文字列に変換するstr関数	63
3.6.5	合計を計算するsum関数	64
3.7	メソッド	65
3.7.1	文字列型データを分割するsplitメソッド	65
3.7.2	文字列型データを大文字にするupperメソッド	65
3.7.3	文字列型データを置換するreplaceメソッド	66
3.7.4	文字列型データの出力書式を決めるformatメソッド	66
3.7.5	リスト型データに要素を追加するappendメソッド	67
3.8	モジュール	69
3.9	繰り返し操作	72
3.9.1	for文を用いたプログラムの例	74
3.9.2	for文の多重構造	76
3.9.3	while文を用いた繰り返し操作	77
3.10	条件文	80
3.10.1	条件が複数ある場合	81
3.10.2	繰り返し操作を途中で抜ける	82
3.11	関数の定義とモジュールの作成	85
3.11.1	関数を定義する	85
3.11.2	グローバル変数とローカル変数	88
3.11.3	バブルソートのプログラム	90
3.11.4	平均値と標準偏差を求める関数	92
3.11.5	モジュールを作ってみよう	93
3.11.6	モジュールの読み込み	94

3.12	ファイルの入出力	95
	3.12.1 ファイルを開く	95
	3.12.2 文字列の書き込みと読み込み	96
	3.12.3 数値の書き込みと読み込み	97
3.13	練習問題	99

第4章 VPythonのプログラムを書いてみよう

4.1	グラフを描いてみよう	102
	4.1.1 グラフの属性の指定：graph	103
	4.1.2 折れ線グラフを描く：gcurve	105
	4.1.3 散布図を描く：gdots	107
	4.1.4 対数軸の設定	108
	4.1.5 パラメータ表示された曲線	109
	4.1.6 複数のグラフを並べる	110
	4.1.7 複数のグラフを重ねてプロットする	112
	4.1.8 練習問題	113
4.2	オブジェクトを描いてみよう	114
	4.2.1 canvasとVPythonの座標系	117
	4.2.2 canvasの属性	118
	4.2.3 矢印：arrow	120
	4.2.4 円柱：cylinder	121
	4.2.5 円錐：cone	123
	4.2.6 四角錐：pyramid	124
	4.2.7 球：sphere	126
	4.2.8 折れ線：curve	127
	4.2.9 らせん：helix	128
	4.2.10 箱：box	130
	4.2.11 ラベル：label	132
	4.2.12 リング：ring	133
	4.2.13 3Dモデルを描いてみよう	135
	4.2.14 光源について	139
	4.2.15 ウィジェットの設置	143

第5章 物理シミュレーションの基礎

5.1 ベクトルの計算 150
- 5.1.1 ベクトルの長さ 151
- 5.1.2 単位ベクトル 152
- 5.1.3 ベクトルの内積と外積 152
- 5.1.4 その他の命令 154

5.2 オイラー法による微分方程式の数値解法 155

5.3 ルンゲ・クッタ法による一階微分方程式の数値解法 160

5.4 ルンゲ・クッタ法による二階微分方程式の数値解法 163

5.5 計算結果をアニメーションで可視化する方法 170
- 5.5.1 等速直線運動 170
- 5.5.2 ボールの自由落下 172
- 5.5.3 2次元の放物運動 176
- 5.5.4 オブジェクトの軌跡を表示する 178
- 5.5.5 3次元の放物運動 179
- 5.5.6 単振り子のアニメーション 182
- 5.5.7 ばねの単振動 185
- 5.5.8 ボタンによるシミュレーションの制御 189

第6章 いろいろな物理シミュレーション

6.1 ランダムウォーク 194
- 6.1.1 原理 194
- 6.1.2 1次元ランダムウォークのシミュレーション 195
- 6.1.3 2次元ランダムウォークのシミュレーション 200
- 6.1.4 研究課題 203

6.2 二重振り子 204
- 6.2.1 原理 204
- 6.2.2 シミュレーション 205
- 6.2.3 研究課題 213

6.3 天体の運動 214
- 6.3.1 原理 214
- 6.3.2 地球の公転シミュレーション 216

6.3.3	人工衛星のシミュレーション	219
6.3.4	三体の運動	222
6.3.5	研究課題	225

6.4 ベクトル場の可視化 226

6.4.1	原理	226
6.4.2	点電荷が空間に作る電場	227
6.4.3	研究課題	234

6.5 分子動力学シミュレーション 235

6.5.1	原理	235
6.5.2	分子動力学シミュレーションの流れ	238
6.5.3	粒子の初期配置	239
6.5.4	初期速度の設定	242
6.5.5	合力の計算	243
6.5.6	粒子の位置と速度の更新	244
6.5.7	境界条件の設定	246
6.5.8	物理量の計算	247
6.5.9	シミュレーション	249
6.5.10	研究課題	254

付録A 色の指定 255

A.1	色名を直接指定する方法	255
A.2	RGBを指定する方法	256

付録B Web VPythonの使い方 257

B.1	準備	257
B.2	フォルダの種類と作成	258
B.3	プログラムの作成と実行	259

付録C トラブルシューティング 262

付録D さらに勉強したい人のための文献リスト 264

参考文献 266

謝辞 267

索引 268

第 1 章

VPythonをはじめよう

この章では、実際にサンプルプログラムを走らせながら、
VPythonでどのようなことができるのかを見てみましょう。

SECTION 1.1 VPythonとは何だろう？

　プログラミング言語Pythonは、プログラミング初学者だけでなく、人工知能（AI）の技術者やデータサイエンティスト、webアプリの開発者といった、幅広い職種の人達に支持されています。Pythonが支持される理由としては、初学者にとって学びやすい言語であることに加え、MatplotlibやNumPy等の便利なライブラリ[1]が、豊富に用意されていることなどが挙げられます。

　本書の題名にもなっている**VPython**は、数多あるPythonのライブラリの一つで、正式には**Visual Python**といいます。「Visual」という言葉が入っていることからもわかるように、VPythonとは、「Pythonで2次元や3次元のグラフィックスを描くためのライブラリ」のことです。

　VPythonを使うと、球や円柱などのオブジェクトを組み合わせて3次元グラフィックスを作成したり、折れ線グラフや散布図などのグラフの描画ができるようになります。また、シミュレーションの結果をアニメーションで表現するのにも役立ちます。試しにYouTubeの検索窓に、「VPython」や「Visual Python」といったキーワードを打ち込んでみると、世界中のユーザーが作成した物理シミュレーションの動画を見つけることができます。なかには、高価なソフトウェアを用いて作ったのでは？と疑ってしまうような、手の込んだ物理シミュレーションの動画もあります。

---

[1]「ライブラリ」については3.8節で詳しく説明しますので、ここでは「Pythonのプログラムで読み込んで使うことのできる、便利な機能の集まり」とでも理解しておいてください。ちなみにMatplotlib（マットプロットリブ）とNumPy（ナンパイ）は、それぞれグラフ描画と配列処理のためのライブラリです。

SECTION 1.2　本書の目的

　本書の目的は、読者に以下の事項を身につけてもらうことです。

- Pythonの基本的な文法
- 微分方程式の代表的な数値計算法（オイラー法やルンゲ・クッタ法など）
- VPythonを用いたシミュレーション結果の可視化の方法（アニメーションやグラフなど）

　本書では、「物理法則にしたがう物体の運動を、アニメーションやグラフの形でコンピュータ上に再現したもの」を、「物理シミュレーション」と定義します。本書が定義する「物理シミュレーション」を作成するためには、対象とする物体や原子・分子の振る舞いを表す、微分方程式（運動方程式）の数値解法を学ぶ必要があります。したがって本書では、Pythonプログラムの書き方だけでなく、微分方程式の代表的な数値解法である、オイラー法とルンゲ・クッタ法についても解説します。また、計算結果を視覚的に表現するために、グラフやアニメーションの作成方法についても解説します。

SECTION 1.3 本書の構成

　本書ではまず、VPythonを使うための準備を整え（第2章）、Pythonの基本的な文法（第3章）を学びます。ここで「基本的な文法」とは、本書の第4章以降で扱うプログラムを書いたり理解するための、最低限の文法を意味します。ですから、Pythonの文法をより深く学びたいという方は、この本を学習した後に、巻末の参考書リスト（付録D）の文献で学習することをお薦めします。

　第4章では、VPythonを用いたプログラムの書き方について解説します。ここでは、グラフを描いたり、オブジェクトを組み合わせて3次元グラフィックスを描いてみましょう。

　第5章では、VPythonを用いてシミュレーション結果を可視化する方法について解説します。例題として、ボールの自由落下や単振り子など、高校の物理・物理基礎の教科書に登場する例を、数多く取り上げました。

　第6章では、確率現象や天体の運動などの物理現象を例に取り、物理シミュレーションのプログラムを作成します。

　付録では、Jupyter Notebookの代替環境となる、**Web VPython**の使い方を簡単に解説しました（付録B）。Web VPythonとは、Bruce Sherwood（VPythonの開発者でもあります）によって開発されたプログラミング環境のことです。Web VPythonを使うと、ブラウザ上でVPythonを用いたプログラムを書いて実行することができます。パソコン内部の環境を変えたくない方や、プログラミングの授業等で本書を使う学校の先生方にとっては、こちらの方が便利かもしれません。

　また付録には、オブジェクトの色の指定の方法（付録A）や、トラブルシューティング（付録C）も載せましたので、必要に応じて参照してください。

SECTION 1.4 サンプルプログラムを動かしてみよう

　早速、VPythonのサンプルプログラムを実行してみましょう。パソコンやタブレットでブラウザ（Google ChromeでもSafariでも構いません）を起動し、Web VPythonのホームページ（https://www.glowscript.org）にアクセスすると、図1.1のようなページが表示されます。

図1.1　ブラウザでWeb VPythonを開いたところ。
2024年10月時点の最新バージョンはversion3.2。

　画面右下に表示される「Example programs」をクリックすると、図1.2のようなサンプルプログラムの一覧が表示されます。

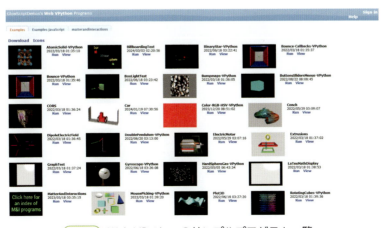

図1.2　Web VPythonのサンプルプログラム一覧。

13

VPythonをはじめよう

　ここで、図1.2の上の方に、いくつかのタブがあることがわかります。「**Examples**」や「**Examples-JavaScript**」のタブをクリックすると、VPythonを利用して書かれたサンプルプログラムが表示されます。また、「**matterandinteractions**」のタブをクリックすると、VPythonの開発者らの教科書[1]のサンプルプログラムが表示されます。こちらでも、いろいろなシミュレーションを実行してみるといいでしょう。

　サンプルプログラム名の下にある「**Run**」をクリックすると、そのプログラムを実行することができます。また、「**View**」をクリックすると、サンプルプログラムの内容を見ることができます。

1.4.1 原子固体（AtomicSolid-VPython）

　AtomicSolid-VPythonというプログラムを実行すると、図1.3のような画面が現れます。これは、3次元の単純立方格子上に配置した27個の質点をばねでつなぎ、固体結晶が振動する様子を表したものです。画面上にマウスポインタを置いて右ドラッグすると、視点を変えることができます。また、Altキーを押しながら左ドラッグ（またはスクロールホイールを操作）すると、画面をズームイン・ズームアウトすることができます。結晶の内部から、原子の振動の様子を観察することも可能です。

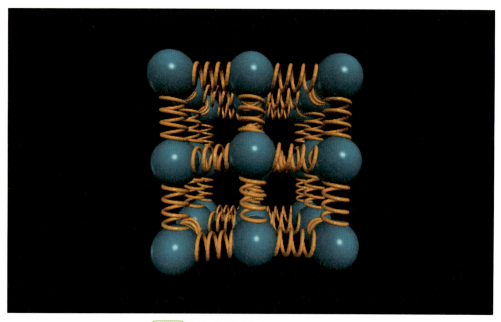

図1.3　原子固体のシミュレーション。

1.4.2 　二重振り子（DoublePendulum-VPython）

　剛体振り子を2つ連結したものを、二重振り子といいます。**DoublePendulum-VPython**というプログラムを実行すると、二重振り子の運動の様子をアニメーションで観察することができます（図1.4）。

　6.2節では、二重振り子のシミュレーションプログラムを実際に書いて、二重振り子の運動を詳しく調べてみましょう。

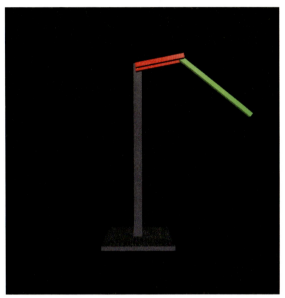

図1.4　二重振り子のシミュレーション。

1.4.3 　連星の運動（BinaryStar-VPython）

　BinaryStar-VPythonというプログラムを実行すると、万有引力を及ぼしあいながら運動する、2つの天体のアニメーションが現れます（図1.5）。2つの天体（連星）が、それぞれ異なる楕円軌道を描いて、運動する様子が見られます。また、右ドラッグしてカメラの視点を変えてみると、それぞれの天体の軌道は、常に同一の平面内にあることにも気づきます。

　6.3節では、万有引力を及ぼしあいながら運動する天体や、人工衛星のシミュレーションプログラムを実際に書いて、天体の運動を詳しく調べてみましょう。

VPythonをはじめよう

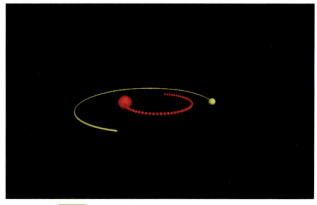

図1.5　連星の運動のシミュレーション。

1.4.4　グラフの描画（GraphTest, Plot3D）

　VPythonを用いると、グラフも簡単に作成することができます。たとえば、物理シミュレーションの結果をアニメーションで表示しながら、物理量の時間変化をリアルタイムでグラフ化するという使い方も可能です。

　まずは **GraphTest** というプログラムを実行してみましょう。実行してみると、2次元のグラフが表示されます（図1.6左）。グラフ上にマウスポインタを置くと、その点の数値を読み取ることができます。

　ところで、画面上部にある「View this program」をクリックし、プログラムを見てください。この美しい動的なグラフは、たった十数行程度の簡単なプログラムで描かれていることがわかります。

　次に、**Plot3D** というプログラムを実行してみましょう。今度は、3次元のグラフが表示されます（図1.6右）。このように、時間変化するグラフをアニメーションで表示することも可能です。

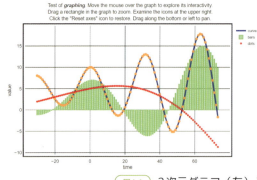 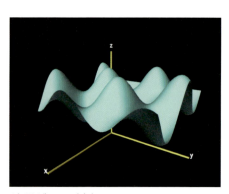

図1.6　2次元グラフ（左）と3次元グラフ（右）。

1.4.5 ストーンヘンジ（Stonehenge-VPython）

　VPythonのアニメーションの表現力を知るには、**Stonehenge-VPython**を実行してみるのが一番です。プログラムを実行してみると、画面に8枚の壁で囲まれた広場が現れます（図1.7）。ここでアニメーション画面の中央にマウスポインタを置き、上方向に左ドラッグしてみると、「Surreal Stonehenge」と書かれたゲートから、広場の中に入ることができます。さらにマウスを左右に左ドラッグすれば、視点を左右に変えることができます。壁には花のテクスチャが飾られていたり、石でできた円筒が転がり続けていたりと、不思議な光景が目の前に現れます。左ドラッグでいろいろと視点を変えて遊んでみましょう。

図1.7　ストーンヘンジの世界。

1.4.6 剛体球ガス（HardSphereGas-VPython）

　原子・分子の運動方程式を数値的に解くことによって、気体や固体などの系の振る舞いを調べる計算手法を**分子動力学法**といいます。**HardSphereGas-VPython**は、気体分子を剛体球とみなし、気体分子の系の振る舞いをコンピュータ上に再現するシミュレーションです。

　プログラムを実行してみると、図1.8のような画面が現れます。100個の気体分子（剛体球）が互いに衝突を繰り返しながら、箱の内部を飛び回る様子が見られます。また、1つの原子の軌道も表示されています。

VPythonをはじめよう

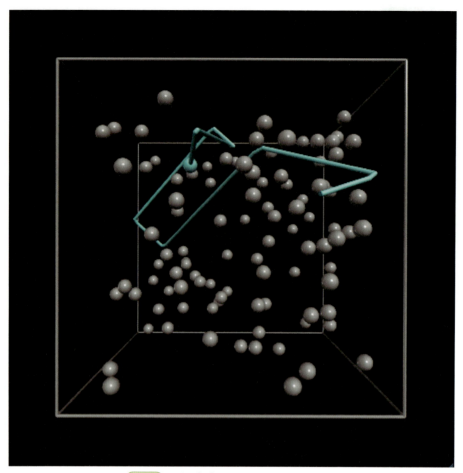

図1.8　剛体球ガスのシミュレーション。

　画面の下にはヒストグラムが表示されていますが、これは気体分子の速さのヒストグラムを表しています。長い時間シミュレーションを実行し続けると、ヒストグラムが青色で表された理論曲線（マクスウェル分布）に近づいていくことがわかります。このことから、系が温度一定（このシミュレーションでは300K）の熱平衡状態に近づいていくことがわかります。本書の第6章では、分子間力の働く分子動力学シミュレーションの方法について解説します。

　ここで紹介したプログラム以外にも、電気モーター（ElectricMotor）やジャイロスコープ（Gyroscope-VPython）等、他のサンプルプログラムもぜひ試してみてください。

第 **2** 章

プログラミング環境を
整えよう

この章では、VPythonのプログラミング環境を構築します。
また、Jupyter Notebookの基本的な使い方を学びましょう。

SECTION 2.1 プログラミング環境の構築

　この章では、**Anaconda**（アナコンダ）のインストール方法を解説します。Anacondaとは、Python言語や、付随する有用なライブラリ等を、一まとめにしたディストリビューション[*1]です。

```
┌─────────────────────────────────┐
│  Anaconda（Python、Jupyter等）の │
│           インストール            │
└─────────────────────────────────┘
              ↓
┌─────────────────────────────────┐
│       VPythonのインストール       │
└─────────────────────────────────┘
```

 図2.1　プログラミング環境構築の流れ。

　図2.1に、プログラミング環境の構築の流れを示しました。Anacondaをインストールすると、Python言語や付随するライブラリ等の他に、Jupyter Notebookなどのプログラム開発環境がインストールされます。VPythonはAnacondaには含まれていませんので、別途インストールが必要となります。本書ではWindows版とMac版のインストール方法を解説しますが[*2]、それぞれ以下のバージョンを例にとります。

> **使用するバージョン**
> **Anaconda**: `Anaconda3 2024.06-1 (64-bit)`
> **Windows**: `Windows 11 Pro`（バージョン 23H2）
> **Mac OS**: `macOS Sonoma`（バージョン14.6.1）

[*1] 複数のソフトウェアやツールを一まとめにしたものを表すコンピュータ用語です。

[*2] Linux版をインストールする場合は、Anacondaのホームページにあるドキュメント、https://docs.anaconda.com/anaconda/install/linuxをご覧ください。

2.1.1 Windows版Anacondaのインストール

まずはAnacondaのダウンロードページ（図2.2）を開きましょう。

> **Anacondaのダウンロードページ**
> `https://www.anaconda.com/download`

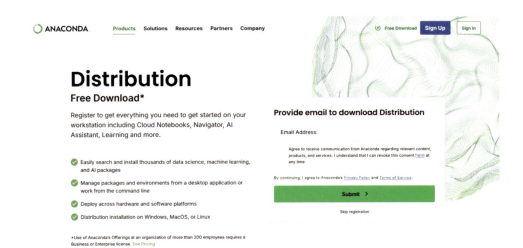

図2.2　メールアドレスの登録画面。

「Email Address:」の入力欄にメールアドレスを入力し、「Submit」をクリックします。このとき、入力欄の下にあるチェックボックスには、チェックを入れる必要はありません。しばらくすると、入力したメールアドレスに、インストーラーのダウンロードサイトのリンクが送られてきます。

プログラミング環境を整えよう

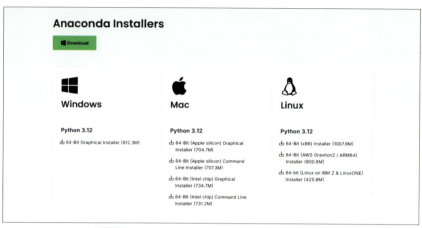

図2.3 インストーラーのダウンロード画面。

メールアドレスに送られてきたリンクをクリックすると、図2.3の画面が表示されます。Windows版のインストーラーをダウンロードしてください。

図2.4 インストーラーを起動したところ。

ダウンロードしたインストーラーをダブルクリックすると、図2.4の画面が表示されます。「Next」をクリックしてください。

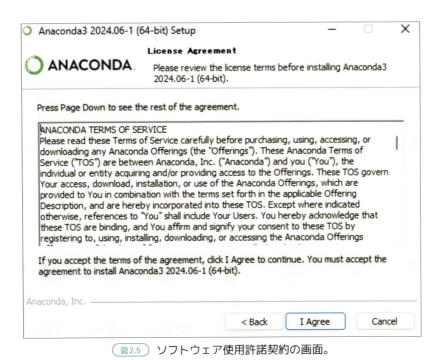

図2.5　ソフトウェア使用許諾契約の画面。

ソフトウェア使用許諾契約の画面（図2.5）が表示されたら、「I Agree」をクリックします。

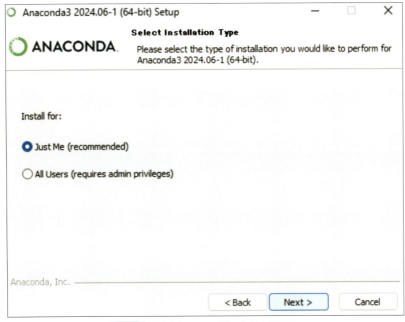

図2.6　使用するユーザーを選ぶ画面。

プログラミング環境を整えよう

　使用するユーザーを選ぶダイアログボックス（図2.6）が表示されたら、そのまま「Next」をクリックしてください。複数のユーザーで共有するパソコンにインストールする場合は、「All Users」を選べますが、その際は管理者権限が必要です。

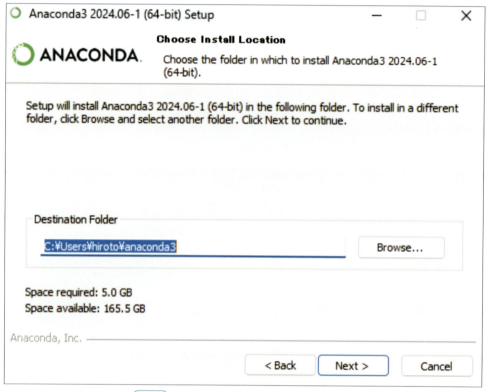

図2.7　インストールする場所を選ぶ画面。

　Anacondaをインストールする場所を選択するダイアログボックスが表示されます（図2.7）。特に変更する必要がなければ、そのまま「Next」ボタンを押しましょう。

プログラミング環境の構築 **2.1**

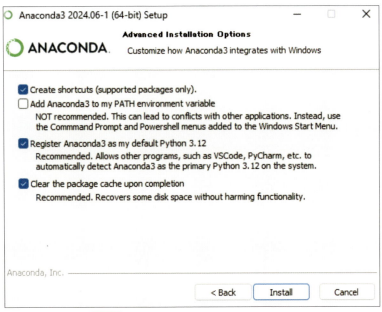

図2.8 インストールオプションの選択。

インストールオプションを選ぶ画面が出てきます（図2.8）。推奨されている（Recommended）オプションに全てチェックを入れ、「Install」を押すと、Anacondaのインストールがはじまります。

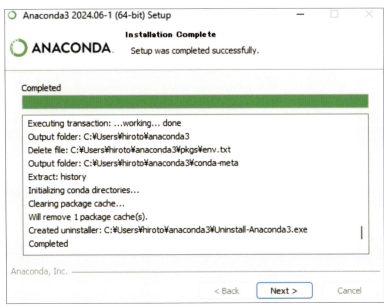

図2.9 インストール完了時の画面。

図2.9の画面が表示されたら、Anacondaのインストールは完了です。「Next」をクリックしてください。

図2.10 クラウド版Anacondaのおしらせ。

図2.10の画面が表示されたら、「Next」をクリックしてください。

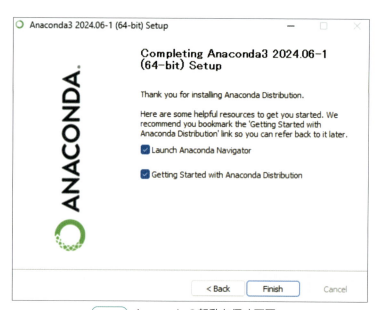

図2.11 Anacondaの起動を促す画面。

図2.11の画面が表示された後に「Finish」をクリックすると、Anaconda Navigator（図2.12）が起動します。

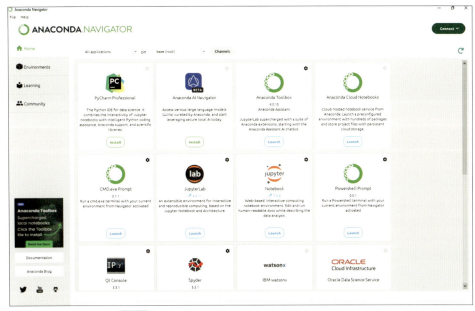

図2.12　Anaconda Navigatorが起動したところ。

　Anaconda Navigatorが起動した直後に、図2.13の画面が出てくることがあります。アップデートを促す画面ですので、「Yes」をクリックしてください。

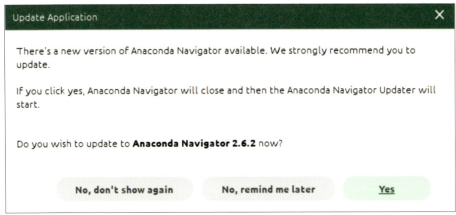

図2.13　Anaconda Navigatorのアップデート。

プログラミング環境を整えよう

VPythonのインストール

次に、Anacondaと一緒にインストールされる**conda**を用いて、VPythonをインストールします。まずは次の手順で、**Anaconda Prompt**を起動しましょう。

Anaconda Promptの起動（Windows）

1. 「スタート」-「すべてのアプリ」-「Anaconda3(64-bit)」をクリックする。
2. 「Anaconda Prompt」をクリックする。

Anaconda Promptが起動したら、次の3つのコマンドのいずれかをタイプし、**Enter**キーを押してください。最初のコマンドから順番に入力して、インストールが成功するまでコマンドを入力し続けます。図2.14は、Anaconda Promptに、最初のコマンドを入力したところです。

```
conda install -c vpython vpython
  または
conda install -c conda-forge vpython
  または
pip install vpython
```

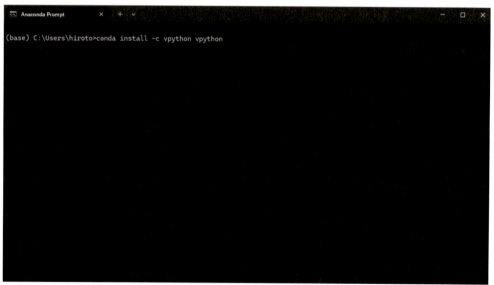

図2.14　Anaconda Prompt上でVPythonをインストールする。

以上でAnacondaとVPythonのインストールは終了です[*3]。

[*3] VPythonのインストールがうまくいかないときは、付録Cの対処方法（A11）を試してみてください。

2.1.2 Mac版Anacondaのインストール

まずはAnacondaのダウンロードページ（図2.15）を開きましょう。

> **Anacondaのダウンロードページ**
> `https://www.anaconda.com/download`

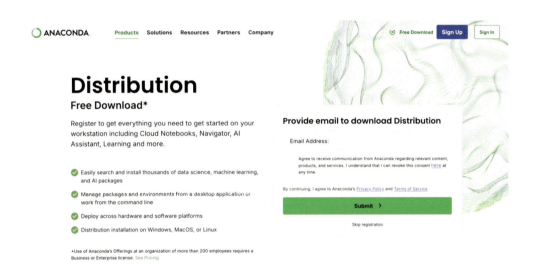

図2.15　メールアドレスの登録画面。

「Email Address:」の入力欄にメールアドレスを入力し、「Submit」をクリックします。このとき、入力欄の下にあるチェックボックスには、チェックを入れる必要はありません。しばらくすると、入力したメールアドレスに、インストーラーのダウンロードサイトのリンクが送られてきます。

プログラミング環境を整えよう

図2.16　インストーラーのダウンロード画面。

　メールアドレスに送られてきたリンクをクリックすると、図2.16の画面が表示されます。左上の「Download for Mac」をクリックすると、「Download for Apple Silicon」と「Download for Intel」の2つのオプションが表示されます。自分のMacのチップの種類によって、どちらかを選んでください。

Macのチップの見分け方

Macのチップの種類を見分けるためには、画面左上のりんごのマークから、「このMacについて」をクリックします。プロセッサ（またはチップ）の欄に、「`Intel`」や「`Apple`」等のチップの種類が表示されています。

図2.17　インストーラーを起動したところ。

ダウンロードしたインストーラーをダブルクリックすると、図2.17の画面が表示されます。「続ける」をクリックしてください。

なお、図2.17の画面が表示される前に「このパッケージは、ソフトウェアをインストールできるかどうかを判断するプログラムを実行します。」というメッセージが出た場合は、「許可」をクリックしてください。

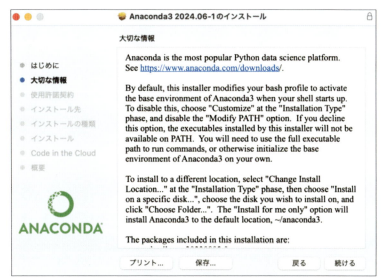

図2.18 　大切な情報の画面。

図2.19 　使用許諾契約の画面。

図2.18の「大切な情報」の画面が出たら、「続ける」をクリックします。次の、図2.19の画面で「続ける」をクリックすると、「ソフトウェア使用許諾契約」の画面が表示されますので、「同意する」をクリックしてください。

図2.20　インストール先の選択の画面。

「インストール先の選択」（図2.20）の画面が出てきます。「このコンピュータのすべてのユーザ用にインストール」を選び、「続ける」をクリックしてください。

図2.21 "Macintosh HD"に標準インストールの画面。

「"Macintosh HD"に標準インストール」（図2.21）の画面が出てきたら内容を確認し、「インストール」ボタンを押しましょう。

図2.22 クラウド版Anacondaのおしらせ。

プログラミング環境を整えよう

（図2.23） インストール完了の画面。

インストールが終了すると、図2.22の画面が出るので、「続ける」をクリックします。図2.23の画面が出たら、Anacondaのインストールは完了です。

VPythonのインストール

次に、Anacondaと一緒にインストールされる**conda**を用いて、VPythonをインストールします。まずは次の手順で、**ターミナル**を起動しましょう。

ターミナルの起動（Mac OS）

1. F4キーを押し、LaunchPadを起動する。
2. 「その他」のフォルダをクリックする。
3. 「ターミナル」をクリックして起動する。

ターミナルが起動したら、次の3つのコマンドのいずれかをタイプし、Enterキーを押してください。最初のコマンドから順番に入力して、インストールが成功するまでコマンドを入力し続けます。図2.24は、ターミナルに、最初のコマンドを入力したところです。

34

2.1 プログラミング環境の構築

```
conda install -c vpython vpython
  または
conda install -c conda-forge vpython
  または
pip install vpython
```

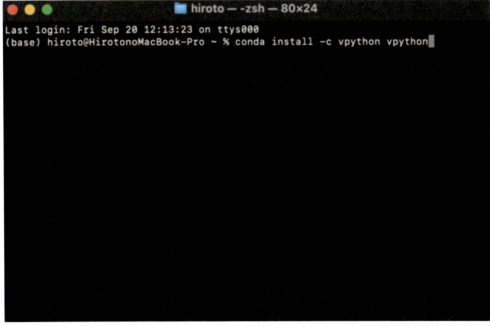

図2.24 ターミナル上でVPythonをインストールする。

以上でAnacondaとVPythonのインストールは終了です[*4]。

[*4] VPythonのインストールがうまくいかないときは、付録Cの対処方法（A11）を試してみてください。

SECTION 2.2 Jupyter Notebookの起動と基本操作

　AnacondaとVPythonのインストールが終わったら、早速Jupyter Notebookを起動してみましょう。Windowsでは「Anaconda Prompt」、Macでは「ターミナル」を起動し、次のコマンドを入力してください。

```
jupyter notebook
```

　Enterキーを押すとブラウザ上でJupyter Notebookが起動します（図2.25）。ブラウザはみなさんのパソコンのデフォルトのブラウザが起動します。

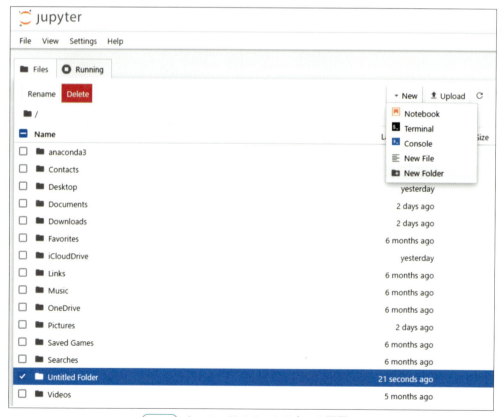

図2.25　Jupyter Notebookのホーム画面。

2.2.1 ファイルとフォルダの操作

　パソコンの画面には、ユーザーのフォルダ内にある、フォルダやファイルのリストが表示されています（図2.25）。通常、ファイルやフォルダを作成したり削除したりするときは、エクスプローラー（Windows）やFinder（Mac）を使うことが多いと思いますが、Jupyter Notebookのユーザーは、この画面からもファイルやフォルダ管理に関する操作を行うことができます。

　試しに、プログラムを保存するためのフォルダを、新規作成してみましょう。フォルダを作成するには、右上にある「New」[*5]と書かれたボタンを押し、「New Folder」を選択します。すると、画面には「Untitled Folder」（名無しのフォルダ）という空のフォルダが作成されます。

　フォルダの名前を変更するには、フォルダ名の左にあるチェックボックスにチェックを入れ、「Rename」ボタンを押して変更します。また、不要になったフォルダを削除するには、隣の「Delete」ボタンを押して削除します。ファイルの削除にも、「Delete」ボタンを使います。

　フォルダを開くにはフォルダ名をダブルクリックしてください。

2.2.2 ノートブックの新規作成

　プログラムを書くために、まずは新しい**ノートブック**を作成しましょう。先ほど作成したフォルダを開き、「New」ボタンを押して、「Notebook」を選びます。

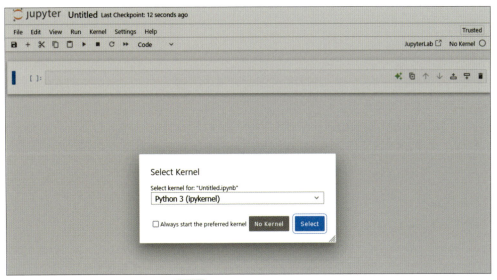

図2.26　カーネルの選択画面。

[*5]Jupyterをインストールしたパソコンによっては、「新規」と日本語で表示されることがあります。その場合他のメニューも日本語になっています。

プログラミング環境を整えよう

　画面には、**カーネル**を選択する画面が出てきます（図2.26）。カーネルとは、皆さんが書いたプログラムを、パソコンに実行してもらうための"仲介役"となるプログラムのことです。ここでは画面に表示されている「Python 3(ipykernel)」のままで、「Select」をクリックします。

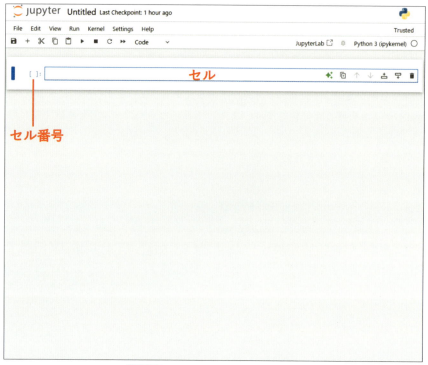

図2.27　新規ノートブックの画面。

　新しいノートブックが開くと、左上にはJupyterのロゴの横に「Untitled」（無題）と表示されます（図2.27）。
　「[ ]:」ではじまる1つのかたまりを**セル**といいます。セルにはプログラムだけでなく、テキストや数式を書き込むことができます（2.2.4項で説明します）。「[ ]:」の部分には、入力した順番に**セル番号**が自動的に入力されます。

図2.28　ノートブックのボタン。

　ノートブックの左上には、様々なボタンが表示されています（図2.28）。図2.28を随時参照しながら、ノートブックの操作を学んでいきましょう。

2.2.3　プログラムの実行

　まずは簡単なプログラムをノートブックに書いて、実行してみましょう。セルの内部をクリックし、カーソルが現れたら、次のプログラムを書いてみてください[6]。

```
print("Hi, Jupyter!")
```

　print関数（関数については3.6節で学びます）は、文字列や変数に代入された値を画面に表示するための命令です。プログラムを書いたら「Run」ボタン（図2.28）を押すか、Shiftキーを押しながらEnterキーを押すかの、いずれかで実行します。

> **プログラムの実行**
>
> Runボタンを押す。
> または
> Shiftキー＋Enterキー。

---

[6] メニューバーの「Settings」から「Auto Close Brackets」を選んでおくと、後のかっこやダブルクォーテーションが自動的に補完されるので便利です。

プログラミング環境を整えよう

```
[1]: print("Hi! Jupyter")
     Hi! Jupyter

[ ]:
```

図2.29　プログラムを実行したところ。

　プログラムを実行すると、セル番号がつき（[1]:になっています）、セルの下に実行結果が表示されます（図2.29）。また、実行結果のすぐ下には新しいセルが追加され、次の命令文を書くことができます。

　今書いたプログラムを少し修正してみましょう。先ほど書いたプログラム内の、「Jupyter」という文字を「Python」に修正して、もう一度実行してみてください。すると、セル番号が更新され、実行結果が「Hi, Python!」に変わります。このように、一度書いたセルの内容を修正して実行することが可能ですが、実行するたびにセル番号は更新されていきます。

　ここで、画面の一番上のファイル名の右にある「Last Checkpoint:」に注目しましょう。ここには、最後に保存された時間が表示されます。たとえば「5 minutes ago」と書いてあれば、5分前に保存されたということです。ノートブックは自動的に保存されますが、図2.28の「保存」ボタンを押すと、保存と同時にチェックポイントを追加することができます。チェックポイントをつけておくと、後からチェックポイントをつけた時点のノートブックに、いつでも戻すことができます。ノートブックにいろいろと操作を加えたら、「保存」ボタンを押すか、メニューバーから「File」-「Save Notebook」を選んで、まめに保存しましょう。

ノートブックの保存

「保存」ボタンを押す。
または
「File」-「Save Notebook」をクリックする。

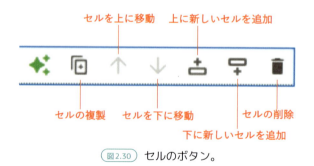

図2.30　セルのボタン。

　セルの内部には、セルの操作に関するボタンがいくつか用意されています。図2.30に、ボタンの機能をまとめておきます。

Jupyter Notebook の起動と基本操作 **2.2**

2.2.4 | マークダウン記法

ノートブックに書いたプログラムの説明などを、コメントとして残しておくと便利です。また、数式や図表などを含めることも可能です。

ノートブックは単なるプログラミング環境としてだけでなく、プログラムを含んだレポートを作成したり、発表資料を作成してプレゼンテーションを行うツールとしても活用できます。また、簡単なホームページを作成することも可能です。ここでは、マークダウン記法によるテキスト作成を体験してみましょう。

セルにテキストを入力する際には、まずテキストを書き込みたいセルをクリックし、セルの種類を選択する「Code」ボタン（図2.28）をクリックします。表示されたリストから、「Markdown」を選べば準備完了です。

--- **セルをMarkdownモードに変更** ---

セルをクリックして、「Code」-「Markdown」を選ぶ。

セルにテキストを書き込む際には、**マークダウン記法**と呼ばれる記法を用いると便利です。試しにセルに次のように書いて、Shift キー＋Enter キーで実行してみてください。

--- **マークダウン記法の入力例** ---

```
# マークダウン記法について
## 見出し

行頭の##の数で見出しのレベルが変わります。

空行を入れると、段落が変わります。

## 数式
数式も入力することが可能です。

$f(x) = \sin x$

$f^{'}(x) = \cos x$

$\sin x = \int \cos x dx$

## 文字の装飾
**太字**や*斜体*や~~訂正線~~も簡単です。
```

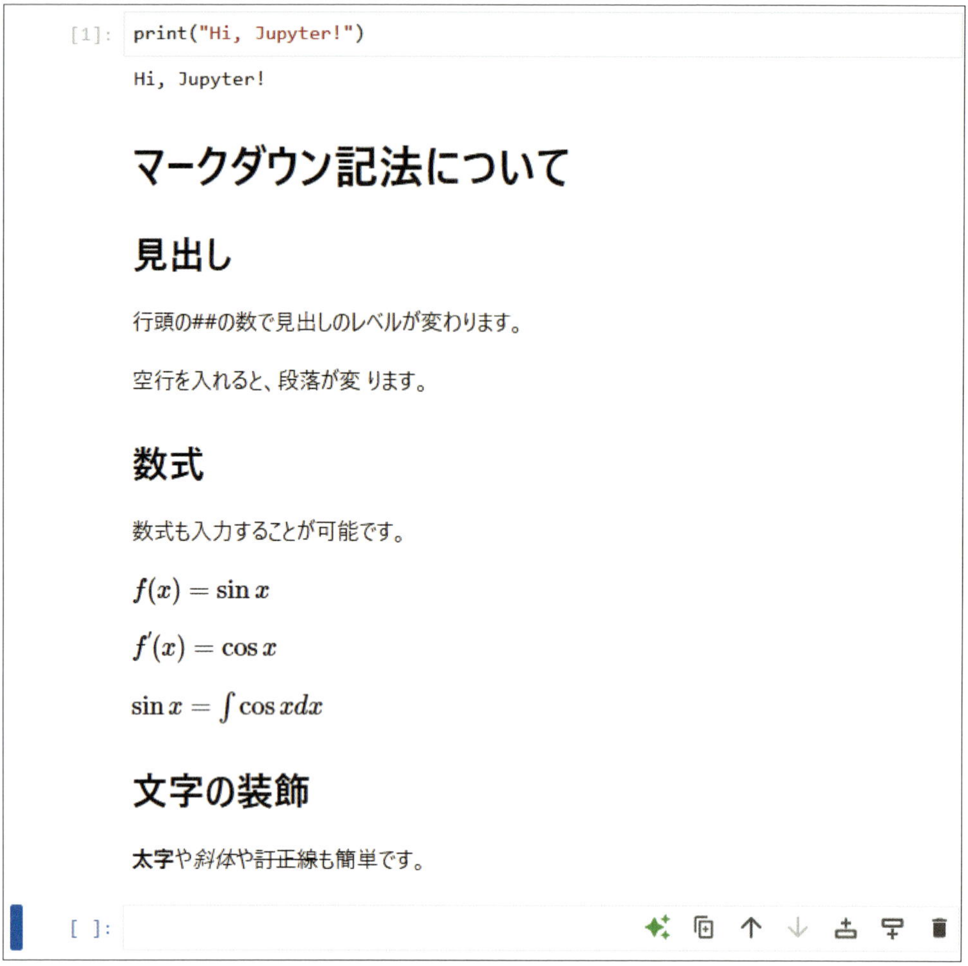

プログラミング環境を整えよう

```
[1]: print("Hi, Jupyter!")
Hi, Jupyter!
```

マークダウン記法について

見出し

行頭の##の数で見出しのレベルが変わります。

空行を入れると、段落が変わります。

数式

数式も入力することが可能です。

$f(x) = \sin x$

$f'(x) = \cos x$

$\sin x = \int \cos x \, dx$

文字の装飾

太字や*斜体*や~~訂正線~~も簡単です。

```
[ ]:
```

図2.31 マークダウン記法で作成したテキストの例。

　実行した結果を図2.31に示します。いかがでしょうか？　このように文字の大きさを変えたり装飾を施したりして、表現力豊かなノートブックを作成することができます。また、2つの「$」記号の間に**TeX記法**[*7]で数式を書くと、美しい数式を表示することができます。セルをもう一度ダブルクリックすれば、何度でも文章を編集することができます。

　マークダウン記法や、Jupyter Notebookの様々な活用法に興味がある方は、文献[3]や文献[4]などの本を読んでみるといいでしょう。

[*7]TeX（テフ、テック）記法による数式の書き方は、文献[2]に詳しい解説があります。

Jupyter Notebook の起動と基本操作 **2.2**

> ### COLUMN │ Jupyter Notebook以外のプログラミング環境
>
> 本書では Jupyter Notebook を用いてプログラムを作成しますが、近年では **JupyterLab** も
> 人気のプログラミング環境です。JupyterLab は、Anaconda をインストールするときに
> Jupyter Notebook と一緒にインストールされますので、興味があれば使ってみるといいで
> しょう。JupyterLab は、Jupyter Notebook に独自のインターフェースを追加したもので、
> ファイル操作やカスタマイズが容易になっています。
>
> また、**Google Colaboratory** はオンラインの Jupyter 環境です。Google Colaboratory
> (https://colab.research.google.com)のページにアクセスすると、ノートブックにそっくり
> なインターフェース上で Python のプログラムを作成し、実行することができます。ただし、
> Google Colaboratory には VPython パッケージが用意されていないようですので（2024年
> 10月時点）、利用の際にはご注意ください。

第 3 章

Pythonの基本文法

この章では、Pythonの基本的な文法を学び、

簡単なプログラムが書けるようになることが目標です。

パソコンでノートブックを起動し、実際にセルにプログラムを入力して、

結果を確かめながら読み進めてください。

なお、本書に示すセルの番号は便宜的につけたものですので、

皆さんのノートブックのセル番号と対応していなくても構いません。

SECTION
3.1

四則演算

まずは簡単な計算問題から始めましょう。新規ノートブックの最初のセルに「2*(3+5)」と入力し、実行してみましょう。

```
[1]: 2*(3+5)
[1]: 16
```

数式を入力したセルの直下に、「$2 \times (3+5)$」の計算結果が表示されます。このように、セルに数式を書いて実行するだけで計算結果が直ちに表示されるので、電卓のような使い方ができます。

次に「5/3」と入力し、実行してみましょう。

```
[2]: 5/3
[2]: 1.6666666666666667
```

整数同士の割り算ですが、計算結果は実数で表示されます。もし、整数同士の割り算の商と余りを計算したいのであれば、次のように書きます。

```
[3]: 5//3
[3]: 1

[4]: 5%3
[4]: 2
```

$5 = 3 \times 1 + 2$ ですので、商と余りが正しく返されたことがわかります。

今度はべき乗を含む計算をしてみましょう。「2^3」と「$2^{3/2}$」の計算結果を表示させてみます。べき乗は「**」で表します。

```
[5]: 2**3
[5]: 8

[6]: 2**(3/2)
[6]: 2.8284271247461903
```

2^3 と $2^{3/2}$ の計算結果が表示されます。ところで物理では、数値を実数と 10 のべき乗の積で表す

四則演算 **3.1**

「科学的記数法」がよく用いられますが、それを用いた計算も可能です。たとえば、陽子3個の持つ総電荷量を計算してみましょう。

```
[7]: 3*1.6*10**(-19)
[7]: 4.8e-19
```

ここで、陽子1個の持つ電荷量を1.6×10^{-19}C（クーロン）としました。計算結果の「e-19」は10^{-19}のことを表しています。

計算式は基本的に普通の式通りに書けばよいのですが、すでに見てきたように、Pythonの**演算記号**には、通常の数式で使われるものと異なるものがあります。Pythonでよく用いられる演算記号を、表3.1にまとめます。

表3.1 演算記号の一覧。

演算記号	演算の種類
+	足し算
−	引き算
*	かけ算
**	べき乗
/	割り算
//	商
%	剰余

1つの式に複数の演算が含まれる場合、**演算の優先順位**は、「加算と減算 < 乗算と除算 < べき乗」となります。もし順序が覚えられなければ、優先する演算に「()」をつけるようにすれば安全です。

3.1.1 複素数の計算

Pythonでは複素数の計算も可能です。 Pythonでは虚数単位は「j」または「J」で表します。たとえば複素数$1 + 2i$は

```
1 + 2j
```

と書きます。数字と虚数単位jの間にスペースを入れないようにしてください。

Pythonの基本文法

　複素数同士の計算は、計算式通りに書くと答えを返してきます。たとえば、$1 + 2i$と$2 + i$を足し算してみましょう。

```
[8]: (1+2j) + (2+1j)
[8]: (3+3j)
```

　虚部がjのみのときは、「1j」と書かないとエラーが出るので注意しましょう。

3.1.2 | 数学関数を用いた計算

　Pythonの計算では、三角関数・指数関数・対数関数等の数学関数も扱うことができます。表3.2には、よく使われる数学関数や定数をまとめました[*1]。これらの数学関数を用いるためには、まず次の命令を実行し、VPython独自の命令や、全ての数学関数を読み込みます。この命令を実行しないと、次ページの表3.2に示した数学関数が使えないので注意してください。第4章以降で、VPythonを用いたプログラムを書く際にも、この命令は必ず書く必要があります（4.1.1項）。

```
[9]: from vpython import *
```

　それでは数学関数を用いた簡単な計算をしてみましょう。ここでは、$\sin(\pi/2)$と$\sqrt{3}$の値をそれぞれ計算してみます。

```
[10]: sin(pi/2)
[10]: 1.0

[11]: sqrt(3)
[11]: 1.7320508075688772
```

　それぞれ期待通りの答えを返してくることがわかります。ところで、$\sin \pi$を計算させると0にはなりません。

```
[12]: sin(pi)
[12]: 1.2246467991473532e-16

[13]: pi
[13]: 3.141592653589793
```

[*1] SciPyライブラリを併用すれば、ベッセル関数やガンマ関数等の特殊関数を扱うこともできます。

四則演算 **3.1**

　これはpiの数値を見るとわかるように、円周率πを16桁までの近似値で計算していることによるものです。

表3.2　数学関数や定数の一覧。

関数	数学関数	意味
abs(x)	$\lvert x \rvert$	絶対値
sqrt(x)	$\sqrt{x}$	平方根
sin(x)	$\sin x$	正弦関数
cos(x)	$\cos x$	余弦関数
tan(x)	$\tan x$	正接関数
asin(x)	$\sin^{-1} x$	正弦関数の逆関数
acos(x)	$\cos^{-1} x$	余弦関数の逆関数
atan(x)	$\tan^{-1} x$	正接関数の逆関数
sinh(x)	$\sinh x$	双曲線関数
cosh(x)	$\cosh x$	双曲線関数
tanh(x)	$\tanh x$	双曲線関数
exp(x)	e^x	指数関数
log(x)	$\log x$	自然対数関数
log10(x)	$\log_{10} x$	常用対数関数
pow(x, y)	x^y	べき乗
pi	π	円周率
ceil(x)	-	小数点以下を切り上げて整数にする
floor(x)	-	小数点以下を切り捨てて整数にする
sign(x)	$\mathrm{sign}\, x$	符号関数
round(x)	-	xに最も近い整数
max(a, b, c, $\cdots$)	-	引数の最大値
min(a, b, c, $\cdots$)	-	引数の最小値
random()	-	0から1の間の乱数
factorial(x)	$x!$	xの階乗
combin(x, y)	$_x\mathrm{C}_y$	2項係数

Pythonの基本文法

COLUMN | Pythonで扱える数の大きさ

べき乗の計算ではしばしば大きな数が結果として得られますが、Pythonで扱える数の大きさには限度があります。試しにセルに

```
10.0**308
```

と入力して実行してみると、「1e+308」と表示されるだけです（1×10^{308}という意味）。ところが

```
10.0**309
```

と入力して実行してみると、オーバーフローのエラーメッセージが表示されます。これは、結果が大きすぎて扱えないという意味です。したがってPythonで扱えるのは、最大10の308乗程度の数です。その一方で、整数が扱える大きさには上限はありません（10**309と入力して実行してみてください）。

SECTION
3.2 変数を使う計算

　セルに次のプログラムを入力して、実行してみましょう。計算結果は、実行したセルの下に表示されます（セル番号は表示されません）。

```
[14]: a = 3.4
      b = 4.5
      c = a + b
      print(c)

(実行結果) 7.9
```

　"a = 3.4"という表現は、**小数型**（3.5節で説明します）のデータ「3.4」を、変数aに代入するということを意味しています[*2]。Pythonのプログラムにおける"="という記号は、「左側の変数に右側のデータ（や変数）を代入する」という意味を持ち、「等しい」という意味は持たないことに気をつけましょう[*3]。

　最後の行の「print(c)」は、変数cの値を表示せよという命令です。ここで使われている **print**関数については、3.6.1項で解説します。なお、ノートブックでは、変数名や式をセルに直接タイプして実行すると、変数に代入された値や、式の結果を出力することができます。

```
[15]: c
[15]: 7.9

[16]: c * 2
[16]: 15.8
```

　Pythonは1行ずつ命令を実行していくため、変数にある値を代入した後で別の値を代入すると、変数の中身が入れ替わります。

```
[17]: a = 1.5
      a = 2.5
      print(a)

(実行結果) 2.5
```

[*2] C言語等の一部のプログラム言語では、使用する変数の型を最初に定義（型宣言）する必要がありますが、Pythonの場合は、最初に変数に値を代入した時点で、変数の型が定義されます。

[*3] 「等しい」ことを意味するのは、比較演算子「==」です。表3.3（58ページ）を参照してください。

Pythonの基本文法

```
[18]: a = 1.5
      a = a + 2.5
      print(a)

（実行結果）4.0
```

　変数の名前にはアルファベットの大文字・小文字、数字、アンダースコアを使うことができますが、変数の名前はアルファベットかアンダースコアではじめる必要があります[*4]。

　Pythonの命令として意味のあるもの（予約語）は変数の名前として使えません。たとえば、fromとかforなどは、Pythonの命令として意味がありますので、変数名としては使えません[*5]。また、**大文字と小文字は区別されます**ので、プログラム内で変数aと変数Aにそれぞれ異なったデータを代入して計算することが可能です。

　それではこれまで学んだことを用いて、次のプログラムを書いてみましょう。

例題

単振り子の周期を計算するプログラムを書きなさい。振り子の長さは$L = 2.3$m、重力加速度を$g = 9.8$m/s^{2}とする。

　空気抵抗が無視でき、振り子の振れ幅が小さいときには、単振り子の周期Tは、

$$T = 2\pi\sqrt{\frac{L}{g}}$$

（3.1）

で表すことができます。プログラムは次のようになります。

```
[19]: g = 9.8
      L = 2.3
      T = 2.0 * pi * sqrt(L / g)
      print('周期 =', T, 's')

（実行結果）
周期 = 3.0439025784583036 s
```

[*4]Python3.7では、ギリシャ文字や日本語などの一部の非ASCII文字も変数名として使うことができます

[*5]https://docs.python.org/2/reference/lexical_analysis.html#keywordsでは、変数名として使えない文字列の一覧が見られます。

SECTION 3.3 コメントの入力

　どんなプログラム言語においても、プログラムの途中に**コメント**を書き込んでおくことが推奨されます。コメントは、プログラムを読む人（他人や未来の自分）に、そのプログラムに関する情報を伝えるためのメッセージです。たとえば、プログラム内で用いる数値や変数の意味等を、コメントに書いておくと便利です。

　Pythonのプログラムでは、「#」の後にコメントを書きます。たとえば、先ほどの振り子の周期を求めるプログラムの場合、

```
g = 9.8  # 重力加速度（m/s^2）
L = 2.3  # ひもの長さ（m）
```

のように書いておきます。「#」以降の文は自動的にコメントと見なされ、実行の対象外となるので、ちょっとしたメモをプログラムの途中に残しておくことができます。

SECTION 3.4 複数の命令文を1行で書く

　振り子の周期を求めるプログラムでは、重力加速度やひもの長さなどの定義のために、命令文が2行に渡っています。このような複数の命令文を、1行にまとめることが可能です。

　複数の命令文を1行で書くためには、命令文をセミコロンで区切ります。

```
[20]: g = 9.8; L = 2.3 # 必要な定数
      T = 2.0 * pi * sqrt(L / g)  # 周期の計算
      print('周期 =', T, 's')
```

（実行結果）
```
周期 = 3.0439025784583036 s
```

　このように、同じ役割を持つ命令文を1行にまとめて書くと、プログラムが読みやすくなることがあります。

SECTION 3.5 データ型

データにはいくつかの**型（データ型）**があります。Pythonに最初から組み込まれている基本的なデータ型のうち、よく使われるのが**組み込みデータ型**と呼ばれる次の型です。

- 整数型
- 小数型
- 文字列型
- 真偽型
- リスト型

これらのデータ型について一つずつ見ていきましょう。

3.5.1 整数型

小数点を含まない数字は、自動的に**整数型**のデータとして扱われます。たとえば、変数 m に 50 という整数型のデータを代入するには、

```
m = 50
```

と書いて実行します。

ではもう一つ、変数 n に 30 という整数型のデータを代入し、2つの変数を用いて計算してみましょう。以下のプログラムをセルに打ち込んで実行し、計算結果を確認しましょう。

```
[21]: m = 50
      n = 30
      print(m * 3 + n * 2)
```

（実行結果）
```
210
```

Pythonの基本文法

3.5.2 小数型

小数点を含むデータは、**小数型**として扱われます。小数の計算を行うと、小数点以下が無限に続く無限小数となることがしばしばあります。たとえば、1/3を小数で表現すると、0.3333···と無限に続く小数になりますが、セルに次の計算式を入力して実行してみましょう。

```
[22]: 1.0/3.0
[22]: 0.3333333333333333
```

計算結果は、小数点以下16桁の数値で表されました。これは、無限小数をコンピュータで扱うことはできないため、ある桁で丸め（67ページ）という近似操作を行ったためです。

もう一つ、次の計算をやってみましょう。

```
[23]: 0.1 + 0.1 + 0.1
[23]: 0.30000000000000004
```

0.1を3回足すと0.3となるはずですが、Pythonで計算してみると、0.30000000000000004となります。これは10進数を2進数に直す際の丸めの影響で、小さな誤差が生まれた結果です。

3.5.3 文字列型

シングルクォーテーション（'）やダブルクォーテーション（"）で囲んだ文字や数値は、**文字列型**として扱われます。

```
[24]: 'python'
[24]: 'python'

[25]: "12345"
[25]: '12345'
```

面白いことに、文字列型のデータ同士は足し算や掛け算などの演算ができます。

```
[26]: x = 'python'
      y = '3.7'
      print( x + y )
      print( x * 3 )

（実行結果）
python3.7
pythonpythonpython
```

データ型 **3.5**

文字列同士を足し算すると、文字列を連結したものを返してきます。また、文字列に数字をかけると、その数字の回数だけ文字列を連結したものを返してきます。なお、文字列の引き算と割り算はできません。

　数字を文字列型とすると、数字としての意味がなくなるので通常の計算はできません。

```
[27]: '1' + '2'
[27]: '12'
```

もし、文字列型の数字を整数型や小数型に変換するときは、それぞれint関数とfloat関数を用います。

```
[28]: x = '1'
      y = '2'
      z = int(x) + int(y)
      print( z )
      zz = float(x) + float(y)
      print( zz )

(実行結果)
3
3.0
```

3.5.4 ｜ 真偽型

　真偽型にはTrue（真）とFalse（偽）の2種類しかありません。Pythonに2つの数の大小について尋ねてみましょう。セルに次の式を打ち込んで実行してみてください。

```
[29]: 1 < 2
[29]: True
```

　「1 < 2」は数学的に正しいので、Pythonは「True」という値を返してきます。この式を「1 > 2」と書き直して実行すると、今度は「False」という値を返してきます。少し複雑なプログラムを書くときに、変数の大小などの条件によって、プログラムの動作を変えたいときがあります（3.10節で学びます）。プログラムは条件の真偽を判断し、真ならTrue、偽ならFalseという値を返すことで、後の動作を決定するわけです。

　ところで、数値の大小比較に用いられる記号を**比較演算子**といいます。Pythonで用いる比較演算子を、次の表3.3にまとめます。

Pythonの基本文法

表3.3 演算記号と数学記号の対応表。

比較演算子	数学記号
<	<
<=	≤
>	>
>=	≥
! =	≠
==	=

3.5.5 | リスト型

リスト型は、数値や文字列などを並べて格納できるデータ型のことです。たとえば、いくつかのスカラー量をまとめて表現したものをベクトルといいますが、Pythonでは数値だけでなく、文字列もまとめてベクトルのように扱うことができます。これを**リスト**と呼んでいます。

リストの書き方は、それぞれの要素をカンマで区切って、全体を[ ]で囲みます。たとえば、a, b, cの3つの文字列型のデータを格納するリストを作るには、

```
['a', 'b', 'c']
```

と書きます。

リストは変数に代入すると扱いやすくなります。

```
[30]: x = ['a', 'b', 'c']
      print(x)

(実行結果)
['a', 'b', 'c']
```

リストの要素を個別に取り出したいときには、リストの変数名の隣に[ ]を書き、その中に要素の番号を明記します。このとき、リストの要素の番号は0から始まることに注意してください（図3.1）。

58

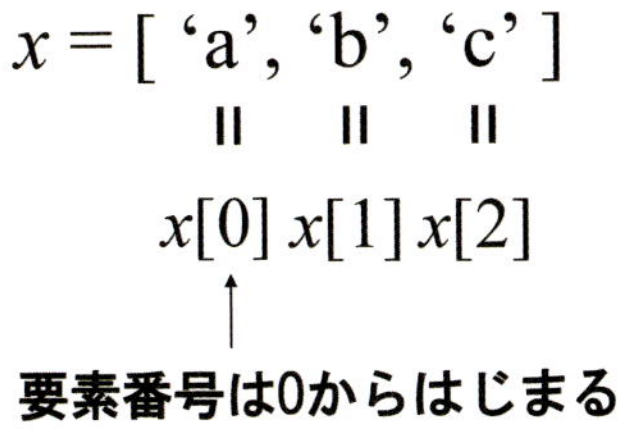

データ型 **3.5**

$$x = [\ \text{`a'},\ \text{`b'},\ \text{`c'}\ ]$$

$$x[0]\ x[1]\ x[2]$$

↑

要素番号は0からはじまる

図3.1　リストの要素番号と要素の対応。

```
[31]: x[0]
[31]: 'a'
```

```
[32]: x[1]
[32]: 'b'
```

```
[33]: x[2]
[33]: 'c'
```

例題

ベクトル$\boldsymbol{a} - (1, 2, 3)$の大きさを計算するプログラムを書きなさい。

```
[34]: a = [1.0, 2.0, 3.0]
      L = sqrt(a[0]**2 + a[1]**2 + a[2]**2)
      print(L)

（実行結果）
3.7416573867739413
```

　ここで特殊なリストの作り方をいくつか学んでおきましょう。次のプログラムを書いて実行してください。

```
[35]: b = [x**2 for x in [0, 1, 2, 3]]
      b
[35]: [0, 1, 4, 9]
```

```
[36]: c = [0 for i in range(5)]
      c
[36]: [0, 0, 0, 0, 0]
```

Pythonの基本文法

このように一般的に

```
[f(x) for x in [x1, x2, ..., xn]]
```

と書くと、$f(x_1), f(x_2), ..., f(x_n)$というリストを作ることができます（リスト内包表記）。また、セル番号[36]では**range**関数（3.6.2項）を用いており、ここでは0以上5未満の整数を変数iに順次代入しています。ですから、f(0)からf(4)までの値は全て「0」となり、「0」が5つ並ぶことに注意しましょう（0から4までの整数は5つあります）。ここで使われているfor文に関しては、3.9節で解説します。

3.5.6 | その他のデータ型

これまでに紹介したデータ型以外にも、Pythonには様々なデータ型が存在します。たとえば、「辞書型」や「タプル」もPythonの基本的なデータ型ですが、本書ではこれらのデータ型を使わずにプログラムを書きますので、説明を省略します。Pythonのデータ型に興味のある方は、文献[5]などで勉強してください。

SECTION
3.6 関数

Pythonには**関数**が多数用意されており、それらを用いて様々な処理を行うことができます。ここでは、Pythonのプログラムでよく使われる関数を、いくつか学びましょう。

3.6.1 データを出力するprint関数

文字列や数値を画面上に表示したいときは、**print**関数を用います。print関数の**引数**（関数の括弧内に指定するデータのこと）には、文字列や数値を指定することができます。また引数に変数を指定すると、その変数に代入されているデータを表示することができます。

```
[37]: x = 9.8
      print('Python')
      print(3.7)
      print(x)

（実行結果）
Python
3.7
9.8
```

関数を実行した後に戻ってくるデータ（今の場合Python, 3.7, 9.8のこと）を、**戻り値**といいます。

引数を複数指定する場合は、カンマで区切ります。

```
[38]: x = 9.8
      print('Python', 3.7)
      print('重力加速度=', x, 'm/s2')

（実行結果）
Python 3.7
重力加速度= 9.8 m/s2
```

また、引数sepに、データの区切り文字を指定することもできます。

Pythonの基本文法

```
[39]: print(0, 9, sep='〜')
      print('Python', 'VPython', sep='と')

（実行結果）
0〜9
PythonとVPython
```

3.6.2 　整数列を作るrange関数

　整数列（整数からなる数列）を生成するには**range**関数を用います。たとえば、0から9までの整数列を作るには、

```
range(10)
```

と入力します。range関数の引数が9ではなく、10であることに注意してください。range関数の引数に整数nを指定すると、0からn-1までの整数列を作ることができます。

　ただし、range関数はリスト型ではなく、レンジ型という特殊なデータ型を返してきます。試しにセルに上記の命令を打ち込んで実行してみましょう。

```
[40]: range(10)
[40]: range(0, 10)
```

これをリスト型に変換するには、**list**関数を使います。

```
[41]: list(range(10))
[41]: [0, 1, 2, 3, 4, 5, 6, 7, 8, 9]
```

これで望みの整数列がリスト型で生成されました。

　またrange(n, N)と書くと、「n以上N未満」の整数列を返してきます。

```
[42]: list(range(5, 10))
[42]: [5, 6, 7, 8, 9]
```

3.6.3 　文字列の文字数をカウントするlen関数

　プログラムの中で文字列の長さを知りたいときには、**len**関数を用いると便利です。次のように入力してみましょう。

62

関数 **3.6**

```
[43]: y = 'python'
      len(y)
[43]: 6
```

1行目で、変数yに文字列'python'を代入しています。lenの次の丸括弧の中に変数名をかけば、その文字列の長さ（文字数）を得ることができます。丸括弧の中に文字列を直接書いても、その文字列の長さを返してきます。

例題 ┄┄┄

len関数を用いて、文字列'physics simulation'の文字数をカウントしてみましょう。

┄┄

```
[44]: len('physics simulation')
[44]: 18
```

結果は18と表示されますが、これは空白を1文字とカウントするからです。

リストを引数にすれば、len関数はリストの長さ（要素の数）を返してきます。

```
[45]: len([15, 24, 38, 42, 51])
[45]: 5
```

3.6.4 | データを文字列に変換するstr関数

3.5.3項で、文字列同士を＋で足し合わせると、文字列が連結されることを見ました。では、文字列と数値を＋で足し合わせるとどうなるでしょうか。次の実行文を入力して実行してみましょう。

```
[46]: 'python' + 3.7
```

セルの下にはエラーメッセージが表示されます。このエラーは、文字列と数値という、型の違うデータ同士を演算しようとしたことにより表示されたものです。

Pythonには引数を文字列に変換する関数、**str**関数が用意されています。これを用いて「3.7」を文字列に変換して足し算を実行してみましょう。

```
[47]: str(3.7)
[47]: '3.7'
```

Pythonの基本文法

```
[48]: 'python' + str(3.7)
[48]: 'python3.7'
```

今度はきちんと文字列どうしが連結されます。

3.6.5 | 合計を計算するsum関数

次の例題を考えてみましょう。

例題

測定値 $x_0 = 10.2$, $x_1 = 10.4$, $x_2 = 11.0$, $x_3 = 10.8$, $x_4 = 10.7$の平均値を求めなさい。

測定値の平均値を求めるには、まず測定値の和を計算し、それを測定値の個数で割ればいいことになります。そのためには、まず測定値をリストで定義し、リストの要素の和を求めます。リストの要素の和は、**sum**関数を用いて計算すると便利です。

sum関数を使ったプログラムの例を以下に示します。

```
[49]: x = [10.2, 10.4, 11.0, 10.8, 10.7]
      heikin = sum(x) / len(x)
      print('平均値=', heikin)

(実行結果)
平均値= 10.620000000000001
```

1行目で全ての測定値をリストにして、xという変数に代入しました。sumに続く丸括弧の中に変数名を書けば、リストの要素の和を返してくるので、要素の個数（3.6.3項のlen関数を使いました）で割って平均値を計算しています。

　関数を用いると、プログラムが見やすくなるだけでなく、計算速度も速くなる場合があります。どのような関数がPythonに用意されているかを知り、それらを積極的に用いることにしましょう。

64

SECTION 3.7 メソッド

データ型に備わった関数のことを、**メソッド**といいます。ここでは、文字列型やリスト型のデータが持つメソッドをいくつか紹介します。まずは program という変数に、「Visual_Python」という文字列を代入しておきましょう。

```
[50]: program = 'Visual_Python'
```

```
[51]: program
[51]: 'Visual_Python'
```

3.7.1 文字列型データを分割するsplitメソッド

セルに次のように入力して実行してみましょう。

```
[52]: program.split('_')
[52]: ['Visual', 'Python']
```

変数名（program）とドットに続けて、メソッド名を書きます。splitは、文字列を特定の文字で区切るためのメソッドです。引数には区切りとなる文字列を書きます。また、splitメソッドによって返される値は、リスト型になっていることに注意しましょう。

なお、splitメソッドを用いても、変数 program に代入されているデータ自体は変更されません。確認してみましょう。

```
[53]: program
[53]: 'Visual_Python'
```

3.7.2 文字列型データを大文字にするupperメソッド

今度は次のように打ち込んで実行してみましょう。

```
[54]: program.upper()
[54]: 'VISUAL_PYTHON'
```

Pythonの基本文法

このようにupperメソッドの戻り値は、文字列を大文字に変換したものになります。upperメソッドには引数がないので、括弧の中には何も書きません。

3.7.3 | 文字列型データを置換するreplaceメソッド

今度は次のように打ち込んで実行してみましょう。

```
[55]: program.replace('_', '.')
[55]: 'Visual.Python'
```

このようにreplaceメソッドの戻り値は、最初の引数に指定した文字を、2番目の引数に指定した文字で置き換えたものとなります。

3.7.4 | 文字列型データの出力書式を決めるformatメソッド

formatメソッドは、文字列型のデータの出力書式を決めるためのメソッドです。たとえば、セルに次のプログラムを書いて実行してみましょう。

```
[56]: a = "{}君の身長は{}cmです"
      print(a.format("鈴木", 180.5))

（実行結果）
鈴木君の身長は180.5cmです
```

変数aに代入した文字列型のデータにある{}は置換フィールドといいます。formatメソッドは、置換フィールドの中身を、format()内の引数で順番に置換していきます。ですから、実行結果は「鈴木君の身長は180.5cmです」となるわけです。

formatメソッドを使うと、print関数で出力する数値の桁数を指定することもできます。たとえば、円周率を小数点以下2桁まで表示したいときには、

```
a = "{:.2f}"
print(a.format(3.141592))
```

と書きます。置換フィールドの中に「：（コロン）」に続けて「．（ピリオド）」を書いた後、小数点以下の桁数を書きます。最後の「f」は、固定小数点表記（fixed-point notation）の頭文字です。したがって、このプログラムは「3.141592を小数点以下2桁にして、置換フィールドの中身を置き

換える」という意味になります。プログラムを実行すると、確かに実行結果は「3.14」と、小数点以下2桁まで表示されます。

　ところでformatメソッドの実行結果は、小数点以下3桁目の「1」を四捨五入したかのように見えますが、実際には**丸め**という操作を行っています。丸めは四捨五入とは異なる操作ですので、ここで説明しておきましょう。

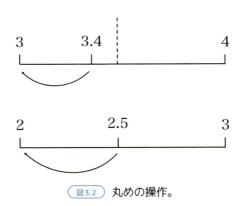

図3.2　丸めの操作。

　小数のある桁の数値を「丸め」るというのは、数直線上の両端にある数値のうち、近い方の数値にするということです（図3.2）。たとえば、3.4は4よりも3に近いので、小数点第一位を丸めると3となります。この場合は四捨五入の結果と一緒です。

　一方、2.5は2と3の両方に近いので、どちらに丸めるか悩みますが、この場合は偶数側に丸めるという決まりがあります。ですから、丸めた結果は2となり、四捨五入の結果とは異なります。

　なお、formatメソッドに似た、**f文字列**という書式指定の方法もあります。これについては、76ページで解説します。

3.7.5　リスト型データに要素を追加するappendメソッド

　最後に紹介する**append**メソッドは、リスト型のデータに要素を追加するメソッドです。まずは、変数programに保存されている文字列をsplitメソッドで分割して、keywordという名前のリストを作りましょう。その後、keywordに「Simulation」という文字列を追加してみます。

```
[57]: keyword = program.split('_')
      keyword.append('Simulation')
```

```
[58]: keyword
[58]: ['Visual', 'Python', 'Simulation']
```

Pythonの基本文法

appendメソッドはリスト型のデータのためのメソッドですので、数値を要素に持つリストに対しても用いることができます。

```
[59]: x = [1, 2, 3]
      x.append(4)
      print(x)

(実行結果)
[1, 2, 3, 4]
```

後の第6章の分子動力学シミュレーションでは、分子を視覚的に表す球オブジェクトを要素として、リストを定義します（239ページ参照）。

SECTION 3.8 | モジュール

　モジュールとは、Pythonのプログラムで用いる有用な関数をひとまとめにしたものです。たとえば、乱数を発生させる関数（randint関数、uniform関数等）は、randomモジュールとしてまとめられています。

　モジュールの実体は、Pythonで書かれた1つのファイルです。たとえばrandomモジュールのファイル（random.py）を開いてみると、randint関数を含む、関数の定義（3.11節）がずらりと並んでいます（図3.3）。自分の書いたプログラム内でこれらの関数を使うためには、プログラムの冒頭で**import**文を使い、randomモジュールを読み込む必要があります。

```
random.py
                    .
                    .
                    .
    def randint(selfint, a, b):
        ……

                    .
                    .
                    .

    def uniform(self, a, b):
        ……

                    .
                    .
                    .
```

図3.3　randomモジュールの実体（random.py）。

> ── **モジュールの読み込み**
> ```
> import モジュール名
> ```

　たとえば、0以上10以下の範囲で整数の乱数を発生させたいのであれば、randomモジュールで定義されているrandint関数を使って

Pythonの基本文法

```
[60]: import random # randomモジュールを読み込む
      random.randint(0, 10)
[60]: 8
```

と書けば、0以上10以下の整数の乱数を1つ返してきます（結果は8とは限りません）。

　ここで、「random.randint」という書き方は、「randomモジュール内で定義されているrandint関数」という意味です。毎回このような書き方では面倒なので、モジュールを読み込む際に、短縮名を定義する方法があります。

短縮名の定義

```
import モジュール名 as 短縮名
```

```
[61]: import random as rd
      rd.randint(0, 10)
[61]: 9
```

ここではrandomの短縮名としてrdを使いましたが、自分で短縮名を決めることができます。

　また、モジュールに含まれる関数を直接指定して読み込むこともできます。この場合は、プログラム内で、関数名の前にモジュール名を書く必要はありません。

モジュールに含まれる関数を直接指定

```
from モジュール名 import 関数名
```

```
[62]: from random import randint
      randint(0, 50)
[62]: 49
```

　読み込む関数はカンマで区切って複数指定することができますが、「*（アスタリスク）」を書けば、モジュール内で定義されている関数を、全て読み込むことができます。

関数を全て読み込む

```
from モジュール名 import *
```

```
[63]: from random import *
      randint(0, 10)
[63]: 9
```

70

モジュール **3.8**

　ところで、「print関数等の関数を使ったときは、モジュールなんて読み込まなかったのでは？」と疑問に思う方もいることでしょう。実は、print関数などの基本的な関数は使用頻度が高いので、使用するたびにモジュールを読み込む必要がないのです。このような関数は、**組み込み関数**と呼ばれています。

　Pythonには組み込み関数と、randomモジュールなどの複数のモジュールが含まれています。これらをまとめて**標準ライブラリ**といいます（図3.4）。標準ライブラリに対し、次の章で扱うVPythonは、Pythonには元々含まれていないので、**外部ライブラリ**といいます。外部ライブラリは別途インストールをしないと、Pythonプログラムで使えるようにはなりません[6]。

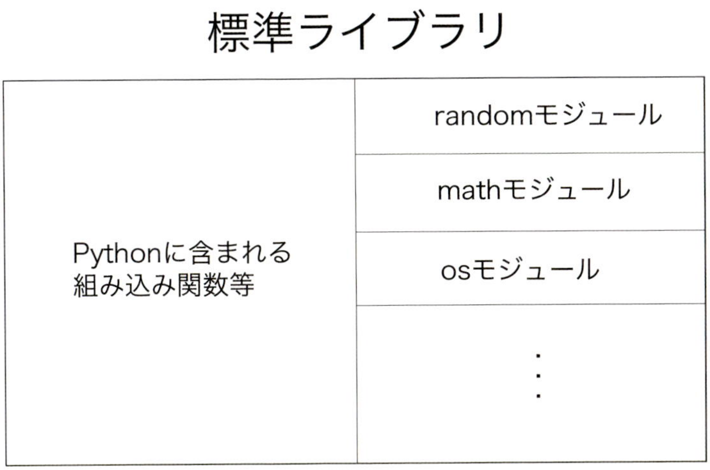

標準ライブラリ

Pythonに含まれる組み込み関数等	randomモジュール
	mathモジュール
	osモジュール
	⋮

図3.4　Pythonの**標準ライブラリ**。

---

[6]ですから2.1節でAnacondaをインストールした後に、condaでVPythonをインストールしたというわけです。

SECTION 3.9 繰り返し操作

次の例題を考えてみましょう。

例題

次のような表を画面に表示するプログラムを作りなさい。

```
0 X 0 = 0
1 X 1 = 1
2 X 2 = 4
3 X 3 = 9
```

たとえば、これまでに学んだ文法を用いると、次のようなプログラムを書くことができます。

プログラムの例　その1

```
001  [64]: a = 0
002        b = a * a
003        print( a, 'X', a, '=', b)
004
005        a = 1
006        b = a * a
007        print( a, 'X', a, '=', b)
008
009        a = 2
010        b = a * a
011        print( a, 'X', a, '=', b)
012
013        a = 3
014        b = a * a
015        print( a, 'X', a, '=', b)
```

```
（実行結果）
0 X 0 = 0
1 X 1 = 1
2 X 2 = 4
3 X 3 = 9
```

繰り返し操作 **3.9**

このプログラムは確かに正しい答えを返してきますが、あまり効率のよい書き方とはいえません。なぜなら、変数aの値を何度も更新しており、変数aに値を代入した後の操作（2乗して画面に表示する）は全て同じだからです。この表の行数を100行まで増やしたければ、プログラムを100回コピーアンドペーストするという手もありますが、プログラムのコピーアンドペーストはエラーの元になることが多いので、注意が必要です。このような繰り返し操作（ループ操作）を行うために、Pythonには**for文**が用意されています。

---

for文

```
for (繰り返し用の変数) in (データ):
    実行文
```

「データ[*7]」の部分には、リスト型やレンジ型のデータが使われます。また、「データ」の部分の後にはコロンを書きます。

　実行文がインデント（字下げ）されてから始まっていることに注意してください。forで始まる行を書いた後にEnterキーを押すと、自動的に4文字分インデントされます。これは、繰り返しの実行文の先頭は、インデントして揃える決まりになっているからです[*8]。したがって、空白部分を削除し、インデントを解除しないようにしてください。なお、for文で書いた一まとまりの部分を、「forループ」ということがあります。

　for文を用いれば、次のようなプログラムが書けます。実際にセルに打ち込んで実行してみましょう。

プログラムの例 その2

```
001  [65]: x = range(0, 4)
002        for i in x:
003            ii = i * i
004            print(i, 'X', i, '=', ii)
```

```
（実行結果）
0 X 0 = 0
1 X 1 = 1
2 X 2 = 4
3 X 3 = 9
```

　3.6.2項で説明したように、「range(0, 4)」は、0以上4未満の整数のリストを作るための命令です。「プログラムの例その2」では、range関数で作ったデータを変数xに代入しましたが、変数を使わずに次のようにも書けます。

[*7] 正式には「イテラブルオブジェクト」と言います。

[*8] インデントされた部分をブロックと呼びます。

73

Pythonの基本文法

プログラムの例 その3

```
001   [66]: for i in range(0, 4):
002             ii = i * i
003             print(i, 'X', i, '=', ii)
```

（実行結果）

```
0 X 0 = 0
1 X 1 = 1
2 X 2 = 4
3 X 3 = 9
```

3.9.1 | for文を用いたプログラムの例

他にも、for文を用いたプログラムをいくつか書いてみましょう。

例題

次のような数列の和を求めるプログラムを書きなさい。

$$s_1 = 1 + 2 + 3 + \cdots + 10, \tag{3.2}$$

$$s_2 = 1^2 + 2^2 + 3^2 + \cdots + 10^2. \tag{3.3}$$

プログラムの例

```
001   [67]: s1 = 0.0
002         s2 = 0.0
003         for X in range(1, 11):
004             s1 = s1 + X
005             s2 = s2 + X * X
006         print('1+2+...+10=', s1)
007         print('1*1+2*2+...+10*10=', s2)
```

（実行結果）

```
1+2+...+10= 55
1*1+2*2+...+10*10= 385
```

まず1行目と2行目で、変数s1、s2の**初期値**をゼロに設定しています。3行目から5行目にかけては、Xを1から10（11ではないことに注意）まで変化させ、それぞれの値に対して、繰り返し操

作（Xの値とXの2乗の値を、それぞれs1とs2に加える）を行っています。

6行目と7行目では、print関数を用いて最終的な計算結果を表示しますが、ここは繰り返し処理ではないので、インデントを解除することに注意しましょう。

例題

振り子の周期を5回測定し、次の結果を得た。

測定回数	周期（秒）
1	2.224
2	2.220
3	2.219
4	2.217
5	2.215

この5回の測定値の平均値と、平均値の平均二乗誤差を計算するプログラムを作りなさい。

n回の測定によって得られた測定値X_i（$i = 1, 2, \cdots, n$）の平均値$\bar{X}$と、平均値の平均二乗誤差σ_Xは、以下の式で得られます。

$$\bar{X} = \frac{1}{n} \sum_{i=1}^{n} X_i, \tag{3.4}$$

$$\sigma_X = \sqrt{\frac{\sum_{i=1}^{n}(X_i - \bar{X})^2}{n(n-1)}}. \tag{3.5}$$

この定義にしたがうと、以下のプログラムが書けます。

例題の解答

```
001  [68]: X = [2.224, 2.220, 2.219, 2.217, 2.215]
002        heikin = sum(X)/len(X) # 平均値
003        sum2 = 0
004        for i in range(0, 5):
005            sum2 = sum2 + (X[i] - heikin)**2
006
007        sd = sqrt(sum2/len(X)/(len(X)-1)) # 平均値の平均二乗誤差
008
009        print(f"平均値={heikin:.3f}")
010        print(f"平均値の平均二乗誤差={sd:.3f}")
```

Pythonの基本文法

（実行結果）
平均値＝ 2.219
平均値の平均二乗誤差＝ 0.002

　平均値は、測定値と同じ有効数字4桁（小数点以下3桁）で表示されます。ここでprint関数で計算結果を出力する際に、formatメソッド（66ページ）を使う代わりに、**f文字列**という書き方を使いました。f文字列は、置換フィールドを含む文字列をダブルクォーテーション（またはクォーテーション）で囲み、先頭にfをつけるだけです。

---
f文字列

```
f"{変数:書式}"
```
---

　formatメソッドよりも書き方が簡単なので、本書ではf文字列を積極的に用いて、計算結果の出力を指定します。

3.9.2 for文の多重構造

　2つ以上のfor文を、多重構造（入れ子）にして書くことができます。このとき繰り返し用の変数は、各forループで別のものを使用する必要があります。また、各forループは閉じた形になっている必要があります。次の例題を考えてみましょう。

例題

　かけ算九九の表を作りなさい。

例題の解答

```
001  [69]: for i in range(1, 10):
002          print(i, 'の段')
003          for j in range(1, 10):
004              k = i * j
005              print(i, 'X', j, '=', k)
```

（実行結果）
1 の段
1 X 1 = 1
1 X 2 = 2
1 X 3 = 3
1 X 4 = 4
1 X 5 = 5
1 X 6 = 6
1 X 7 = 7
1 X 8 = 8
1 X 9 = 9
2 の段
（以下、省略）

1の段から9の段まで、かけ算九九の表が表示されました。プログラムをもう一度見てみると、変数jを用いたループが閉じた形になっており、それを包み込む形で変数iを用いたループが、やはり閉じた形で書かれていることがわかります（図3.5）。

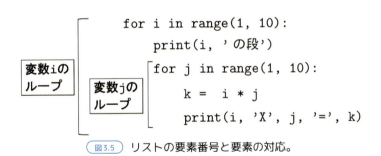

図3.5　リストの要素番号と要素の対応。

3.9.3　while文を用いた繰り返し操作

for文の代わりに、**while文**を用いて繰り返し操作を実行することができます。

Pythonの基本文法

---

while文

```
while （条件式）:
    実行文
```

---

for文と同様に、条件式の後にはコロンを書き、実行文は必ずインデントされます。while文を用いて、3.9.1項の数列の和のプログラムを書き直すと、次の通りになります。

while文で書き直したプログラム

```
001  [70]: sum1 = 0
002        sum2 = 0
003        i = 0
004        while i < 10 :
005            i = i + 1
006            sum1 = sum1 + i
007            sum2 = sum2 + i * i
008        print('1+2+...+10=', sum1)
009        print('1*1+2*2+...+10*10=', sum2)
```

（実行結果）
```
1+2+...+10= 55
1*1+2*2+...+10*10= 385
```

条件式には、次の**比較演算子**を用います（表3.4）。

表3.4　比較演算子とその意味。

比較演算子	意味
>	大きい
<	小さい
>=	以上
<=	以下
==	等しい
!=	等しくない

条件式には、次の**論理演算子**を用いて、少し複雑な条件を指定することができます（表3.5）。

表3.5 論理演算子とその意味。

理演算子	意味
and	かつ
or	または
not	否定

例

(0 < k) and (k < 8)は、「$0 < k < 8$」。

(x == y) and (y == z)は、「$x = y = z$」。

---

while文も、for文同様に多重構造にすることが可能です。注意点はfor文のときとほぼ同じです。

例題 ··

漸化式

$$x_n - \frac{1}{2}\left(x_{n-1} + \frac{r}{x_{n-1}}\right)$$（3.6）

で表される数列が、$n \to \infty$で$\sqrt{r}$に収束することを利用し、$\sqrt{3}$の近似値を求めなさい。ただし、$|x^2 - r|/r$が10^{-5}よりも小さくなれば、解が得られたものとする。

···

解答例

```
001  [71]: d = 1e-5
002        r = 3.0
003        x = 0.1
004
005        while abs(x**2 - r)/r > d :
006            x = 0.5 * (x + r / x)
007
008        print(x)
```

（実行結果）
1.7320521062406589

漸化式の計算なので、3行目でxの初期値（$x = 0.1$）を与えています。

SECTION 3.10 条件文

計算結果によってプログラムの動作を変えたいときは、次の**if文**で処理します。

---
if文

```
if（判定条件）:
    実行文
```

判定条件の部分には、実行文を実行するための条件式を書きます。また、判定条件の後にはコロンを書き、実行文は必ずインデントされる必要があります。判定条件が真（True）なら実行文を実行し続け、偽（False）なら実行されません。たとえば、もし変数 c の値が負のときに、画面に「c は負です」と表示したい場合は次のように書きます。

```
[72]: c = -1
      if c < 0 :
          print(c,'は負です。')

(実行結果)
-1 は負です。
```

判定条件により、2つの実行文のどちらかを実行したいときは、次のように書きます。

---
if-else文1

```
if 判定条件:
    判定条件を満たしたときの実行文
else:
    判定条件を満たさないときの実行文
```

たとえば、変数 c が正のときに「正」、負のときに「負」と画面に表示したいなら、次のように書きます。

条件文 **3.10**

```
[73]: c = 3
      if c > 0 :
          print('正')
      else:
          print('負')

（実行結果）
正
```

3.10.1 条件が複数ある場合

複数の判定条件を設定することも可能です。その場合は次のように書きます。

if-else文2

```
if 判定条件1：
    判定条件1を満たしたときの実行文
elif 判定条件2：
    判定条件2を満たしたときの実行文
else:
    判定条件1も判定条件2も満たさないときの実行文
```

例題

実数xを入力し、以下のような三角波関数$f(x)$の値を返すプログラムを作りなさい。

$$f(x) = \begin{cases} 0 & (x < 0) \\ x & (0 \leq x < 1) \\ 2 - x & (1 \leq x < 2) \\ 0 & (2 \leq x) \end{cases} \qquad (3.7)$$

解答例

```
001  [74]: x = -1.0
002        if x < 0.0 :
003            f = 0.0
004        elif x < 1.0 :
005            f = x
006        elif x < 2.0 :
007            f = 2.0 - x
```

Pythonの基本文法

```
008         else :
009             f = 0.0
010
011         print('f(', x, ')=', f)
```

（実行結果）
f(-1.0)= 0.0

1行目のxの値を変えて、正しい結果を返してくるかどうか確認してみましょう。

3.10.2 │ 繰り返し操作を途中で抜ける

for文やwhile文による繰り返し操作を途中で中断したいときには、次の**break**文を用います。

```
[75]: for i in range(0, 10):
          print(i)
          if i > 5 :
              break
```

（実行結果）
```
0
1
2
3
4
5
6
```

forループの実行文は、iの値（$i = 0〜9$）を表示しなさいという命令ですが、もしiが5よりも大きくなったらforループを抜けなさい（break）と書いてあります。ですから、6という数字を表示した後にforループを抜け、プログラムが終わっているというわけです。

問 ....

先ほどのプログラムを次のように書き換えると、結果はどうなるでしょうか？

```
for i in range(0, 10):
    if i > 5 :
        break
    print(i)
```

条件文 **3.10**

　print(i)の命令の位置が先ほどと違うことに注意しましょう。結果を予想した後、実際にプログラムを書いて実行してみてください。

例題

0から9までの乱数を生成し、条件を満たすものだけを表示するプログラムを書きなさい。たとえば、4が出るまで乱数を表示するプログラムを書きなさい。

解答例

```
001  [76]: from random import *
002        n = 0
003        while n != 4:      # nが4でない限り実行文を実行する
004            n = randint(0,9)
005            print(n)
```

（実行結果の例）
```
1
8
3
3
4
```

　1行目で**random**モジュール内の関数を全て読み込むことによって、プログラム内で乱数を扱うことができます。**randint**関数は、続くカッコ内の範囲の乱数（上のプログラムなら0から9まで）を返してきます。上のプログラムは4が出るまで乱数を発生させ続けるプログラムです。

　これをif文を使って書いてみると、次のようなプログラムが書けます。

if文を使って書く

```
001  [77]: from random import *
002        while True:
003            n = randint(0,9)
004            print(n)
005            if n != 4:
006                continue
007            else:
008                break
```

　「while True:」と書くと、永遠に続く**無限ループ**となります。ここで**continue**文が初めて出て

83

Pythonの基本文法

きましたが、これは「条件を満たす間は実行文を実行し続ける」という意味があります。つまり、whileの中身は、「出た乱数が4でなかったらループの先頭に戻って新しい乱数を発生し、4だったらループを抜けてプログラムを終えなさい」ということを意味しています。

SECTION
3.11 | 関数の定義とモジュールの作成

これまでに、組み込み関数やモジュールで定義された関数を使って、いろいろなプログラムを書いてきました。Pythonでは自作の関数やモジュールを定義し、プログラムの中で利用することも可能です。

3.11.1 | 関数を定義する

xとyに整数値を代入し、どちらが大きいかを判定するプログラムを書いてみましょう。if文を用いると次のような単純なプログラムが書けます。

```
[1]: x = 10
     y = 15

     if x > y:
         print('大きい方は', x)
     else:
         print('大きい方は', y)

（実行結果）
大きい方は 15
```

次に、2つの整数の大小を判定する部分を関数として定義し、プログラムを書き直してみましょう。Pythonでは、関数を **def** という命令で定義します。

関数の定義

```
def 関数名（仮引数のリスト）:
    関数内での処理
```
---

defに続いて**関数名**を書きます。Pythonには多くの組み込み関数が用意されており、それらの名前は小文字のアルファベットで書かれています。ですから、それらとの重複を避けるために、自作の関数は大文字で始めておくとよいでしょう。

85

Pythonの基本文法

　関数名の次のかっこの中には、関数の中で定義される**仮引数**の並びが来ます。仮引数とは、**メインプログラム（主プログラム）**で使われる変数（**実引数**）の値を受け取る変数のことを指します。実引数と仮引数は、データ型や数、順番が一致している必要があります。

> **関数に必要なこと**
>
> メインプログラムの実引数と関数の仮引数は、データ型や数、順番を一致させる。

　また、かっこの後に必ずコロンが来て、次の行の関数内での処理は全てインデントされていることに注意してください。関数を用いて先ほどのプログラムを書き直すと、次のようになります。

```
[2]: def Hantei(xx, yy): # 大小を判定する関数Hanteiの定義
         if xx > yy:
             print('大きい方は', xx)
         else:
             print('大きい方は', yy)

     # メインプログラム
     x = 10        # xに10を代入
     y = 15        # yに15を代入
     Hantei(x, y)  # 関数Hanteiにx,yの値を引き渡す
```

（実行結果）
大きい方は 15

　このように、関数の定義は、それが用いられるメインプログラムの前でなされる必要があります。メインプログラムで関数が呼び出されると、仮引数xxとyyにそれぞれ実引数xとyの値が引き渡され、それらの値を用いて処理（大小判定）が行われます。なおこのプログラムでは、仮引数と実引数を区別するためにわざと表記を変えましたが（xxとxとか）、仮引数と実引数は同じ表記でも構いません。

　仮引数がない関数も作ることができます。

関数の定義とモジュールの作成　**3.11**

```
[3]: def Hantei(): # 大小を判定する関数Hanteiの定義
         xx = 10
         yy = 15
         if xx > yy:
             print('大きい方は', xx)
         else:
             print('大きい方は', yy)

     # メインプログラム
     Hantei()
```

（実行結果）
大きい方は 15

関数内部で計算した結果をメインプログラムに返す場合には、**return**文を使います。

```
[4]: def RetA():
         a = 10
         return a

     # メインプログラム
     RetA()
```

（実行結果）
10

　もし「return a」の部分を書かない場合、プログラムを実行しても変数aに10が代入されるだけなので、実行結果は表示されません。また、関数は複数の値を返すこともできます。

```
[5]: def RetAB():
         a = 10
         b = 20
         return a, b

     # メインプログラム
     aa, bb = RetAB()
     print(aa, bb)
```

（実行結果）
10 20

Pythonの基本文法

関数 RetAB は、関数内で定義された変数a、bに代入された値をメインプログラムに返します。メインプログラムでは、関数 RetAB が返してくる値を、順番に変数aa、bbに代入しています。

3.11.2 | グローバル変数とローカル変数

一般に、関数内部で定義した変数の中身は、関数の外からは参照できません。次のプログラムを見てみましょう。

```
[1]: def Func():
        a = 1

    # メインプログラム
    Func()   # 関数を呼び出す
    print(a) # 変数aの内容を出力する

(実行結果)
NameError: name 'a' is not defined
```

エラーメッセージは、「変数aが定義されていない」という内容です。これは、最後の行の「print(a)」を実行する際に、関数 Func 内で定義されている変数aを参照できなかったために、表示されたエラーです。

関数内部で定義された変数は**ローカル変数**と呼ばれ、関数内部でのみ参照可能です。ですから、もしさきほどのプログラムを次のように書き直せば実行できます。

```
[2]: def Func():
        a = 1 # ローカル変数の定義
        print(a)

    # メインプログラム
    Func()

(実行結果)
1
```

一方、関数の外で定義した変数は**グローバル変数**と呼ばれ、関数の内部から参照することができます。

関数の定義とモジュールの作成 **3.11**

```
[3]: def Func():
         b = a + 1 # 関数の内部からaの値を参照できる
         print(b)

     a = 1 # グローバル変数の定義
     Func()

   （実行結果）
   2
```

　このプログラムでは、変数aは関数の外で定義されているので、グローバル変数として定義されます。関数Funcは、グローバル変数aの値を参照し、それに1を加えて表示するように定義されています。ですから、変数aに代入されていた値（a=1）に1を加えた、2が出力されたというわけです。

　関数内部でグローバル変数を参照することはできますが、グローバル変数の値を変更することはできません。次のプログラムを入力してみましょう。

```
[4]: def Func():
         a = a + 1
         print(a)

     a = 1
     Func()

   （実行結果）
   UnboundLocalError: cannot access local variable 'a' where it is not associated with a
   value
```

　エラーメッセージは「ローカル変数aには値が入っていないので参照できない」という意味です。これは、メインプログラムで関数Funcが呼ばれた際に出てきたものです。

　Pythonでは、グローバル変数とローカル変数は、名前が重複しても許されるという決まりがあります。関数Funcが呼ばれたとき、関数内部では変数aは初めて出てきたので、コンピュータはローカル変数だとみなします。「a = a + 1」と書くと、「初めて出てきた変数a」に1を足し、「初めて出てきた変数a」に代入しなさいという意味になるので、混乱したコンピュータはエラーメッセージを出すのです。

　そこで、**global文**を用いて、関数内部で用いる変数aはグローバル変数であることを宣言しておく必要があります。

Pythonの基本文法

```
[5]: def Func():
         global a
         a = a + 1
         print(a)

     a = 1
     Func()

（実行結果）
2
```

　関数内部で最初にグローバル宣言をしておくと、メインプログラムで関数Funcが呼ばれたとき
に、コンピュータは「変数aはグローバル変数のaのことだ」と判断します。ですからグローバル
変数aの値（今のプログラムでは1）に1を加えた2が出力されます。

3.11.3 | バブルソートのプログラム

　今度は3つの整数を読み込んで、大きい順に並べ替えて（**ソーティング**）出力するプログラムを
書いてみましょう。ソーティングのアルゴリズムはいろいろと存在しますが、ここでは以下の**バブ
ルソート**のアルゴリズムを採用することにします。

バブルソートのアルゴリズム

1. 整数i, j, kを読み込む。
2. iとjを比べて、jがiより大きければiとjの中身を入れ替える。
3. jとkを比べて、kがjより大きければjとkの中身を入れ替える。
4. もう一度iとjを比べて、jがiより大きければiとjの中身を入れ替える。

　これを素直にプログラムに書き直すと次のようになります。

バブルソートを行うプログラム

```
001  [1]: i = 13
002       j = 100
003       k = 45
004
005       if i < j :
006           d = i
007           i = j
008           j = d
009
```

関数の定義とモジュールの作成 **3.11**

```
010      if  j < k :
011          d = j
012          j = k
013          k = d
014
015      if  i < j :
016          d = i
017          i = j
018          j = d
019
020      print(i, j, k)
```

（実行結果）100 45 13

　ここで変数 d は、2 つの変数の値を入れ替えるためのダミー変数としての役割を持っています。
バブルソートの部分を関数 Bsort と定義すると、次のようなプログラムを書くことができます。

関数で書き換えた例

```
001 [2]: def Bsort(p, q, r): # 関数Bsortの定義
002          if p < q :
003              d = p
004              p = q
005              q = d
006
007          if q < r :
008              d = q
009              q = r
010              r = d
011
012          if p < q :
013              d = p
014              p = q
015              q = d
016          print(p, q, r)
017
018      # メインプログラム
019
020      a = 13
021      b = 100
022      c = 45
023
024      Bsort(a, b, c)
```

91

Pythonの基本文法

```
（実行結果）
100 45 13
```

　メインプログラムで変数に値を代入し、関数Bsortにその変数を受け渡すことで、全体の処理を行っています。このように、関数を用いてプログラムを書いておけば、プログラムが全体としてどういう流れで作業を行っているのかが見やすくなるので、長く複雑なプログラムになるほど便利です。また、別のプログラムでバブルソートの作業が必要になったとき、関数の部分をコピーアンドペーストして、二次利用することも可能になります。

3.11.4 | 平均値と標準偏差を求める関数

　今度は、複数の数値の平均値や標準偏差を求めるプログラムを書いてみましょう。平均値や標準偏差を求める関数を一度作っておけば、後々他のプログラムで二次利用できるので便利です。ここでは、10個の数値$x_0, x_1, \cdots, x_9$の平均値や標準偏差を求める関数を作ってみましょう。

　まず、関数を使わないのであれば、次のようなプログラムが書けるでしょう。

複数の数値の平均値や標準偏差を求める

```
001  [1]: from math import sqrt
002       X = [10, 49, 20, 46, 47, 91, 74, 28, 41, 56] # 数値をリストにする
003       Avr = sum(X) / len(X) # 平均値
004       SD = 0
005       for i in range(0, 10): # 残差の二乗和の計算
006           SD = SD + (X[i] - Avr) ** 2
007       SD = sqrt(SD / len(X)) # 標準偏差
008       print('平均値=', Avr, '標準偏差=', SD)
```

```
（実行結果）
平均値= 46.2 標準偏差= 22.890172563788152
```

　1行目では、平方根を計算するsqrt関数を読み込んでいます。sqrt関数は、mathモジュール内で定義されています。次に、10個の数値をリストXに保存し、sum関数とlen関数を用いて平均値を計算します。その後は、計算した平均値を用いて標準偏差を計算し、計算結果を表示します。

　これを関数を使って書けば、次のように書くことができます。

関数を使って書く

```
001  [2]: from math import sqrt
002
003       def AS(XX):
004           a = sum(XX) / len(XX)
```

92

関数の定義とモジュールの作成 **3.11**

```
005         s = 0
006         for i in range(0, len(XX)):
007             s = s + (XX[i] - a) ** 2
008         s = sqrt(s / len(XX))
009         return a, s
010
011     # メインプログラム
012     X = [10, 49, 20, 46, 47, 91, 74, 28, 41, 56]
013     avr, sd = AS(X)
014     print('平均値=', avr, '標準偏差=', sd)
```

リストXX内の数値の平均値と標準偏差を求める部分を、関数ASと定義しました。関数ASは、メインプログラムリストXの値を受け取り、計算した平均値と標準偏差を、それぞれ変数avrとsdに代入しします（13行目）。

3.11.5 │ モジュールを作ってみよう

前項で作成した平均値と標準偏差を返す関数をまとめて、モジュール化してみましょう。モジュールファイルを作るために、まずは新しいPythonファイル[*9]を開きましょう。

┌─ **新規Pythonファイルの作成** ─────────────────────
Jupyter Notebookのメニューから「File」-「New」-「Python File」を選ぶ。
└──────────────────────────────────────

新しいPythonファイルに、以下の内容を打ち込んでください。打ち込んだら、ファイル名を「Stat.py」として保存します。これが、「Statモジュール」となります。

モジュールの内容

```
001  from math import sqrt
002  def Avr(XX):
003      a = sum(XX) / len(XX)
004      return a
005
006  def Std(XX):
007      a = Avr(XX)
008      s = 0
009      for i in range(0, len(XX)):
010          s = s + (XX[i] - a) ** 2
011          s = sqrt(s / len(XX))
012      return s
```

─────────────────────────
[*9] ここで言うPythonファイルとは、拡張子が.pyのファイルのことです。

Pythonの基本文法

Std関数の中で、Avr関数を読み込んで、計算に利用していることに注意してください。このように、定義した関数は別の関数で利用することができます。ただし、利用される関数は、利用する関数の前で定義しておく必要があります。今の場合、Avr関数はStd関数の内部で使われているため、Std関数よりも前に定義しておく必要があります。

作成したStatモジュールは、モジュールを読み込んで利用するプログラムと同じフォルダに保存します。ですから、Statモジュールは、次の3.11.6項で使うノートブックと同じフォルダに保存してください。なお、モジュールを作成する際には、Windowsの「メモ帳」などのテキストエディタを用いて作成しても構いませんが、その際も必ずファイルの拡張子を.pyにし、モジュールを読み込むノートブックと同じフォルダに保存してください。

3.11.6 モジュールの読み込み

それでは、今作ったモジュールを読み込むプログラムを書いてみましょう。新しいノートブックを作成し、セルに以下のプログラムを打ち込んでください。

```
[1]:from Stat import *
    X = [80, 46, 65, 71, 69, 72, 79, 91, 64, 58]
    avr = Avr(X)
    std = Std(X)
    print('平均値=', avr, '標準偏差=', std)
```

```
（実行結果）
平均値= 69.5 標準偏差= 3.6629958291998332
```

実行すると平均値と標準偏差の値が表示されます。

プログラムの1行目で、先ほど作成したStatモジュールを読み込んでいます（拡張子.pyは書く必要はありません）。「*（アスタリスク）」は全ての関数という意味があるので、Statモジュールに定義されている全ての関数（ここではAvr関数とStd関数）を読み込むことになります。

ところで、既存のモジュールに新たに関数を追記したり、エラーを修正したりした後に、ノートブックのプログラムを実行しても修正が反映されません。こういうときには、一度カーネルを再起動してから、プログラムを実行してください。

修正したあとに行うこと

モジュールに変更を加えたら、カーネルを再起動する。

カーネルを再起動するには、「カーネルの再開」ボタンか「カーネルを再開して全てのセルを実行」ボタンを押します（図2.28、39ページ）。

94

SECTION
3.12 | ファイルの入出力

　実験で得られたデータをファイルに保存し、Pythonのプログラムで読みこんで解析を行いたいことがあります。また、シミュレーションで得られたデータをファイルに出力し、Excel等の外部のソフトウェアでグラフ化したいこともあります。ここでは、ファイルの入力と出力の方法について学びましょう。

3.12.1 | ファイルを開く

　ファイルの入力も出力も、まずは**open関数**を用いて、ファイルを開くことから始まります。ファイルを開くためには、次の**with文**とopen関数を組み合わせて用います[10]。

ファイルを開く

```
with open((ファイル名),(ファイルモード)) as (変数名):
    ファイルの入出力の処理
```
---

　open関数の引数として、ファイル名とファイルモードの2つを指定します。ファイル名には、開きたいファイルの名前を指定します。

　またファイルモードには、表3.6に示したモードのいずれかを指定します。

表3.6　ファイルモード一覧。

ファイルモード	意味
r	読み込み
w	書き出し
x	排他的生成
a	追記

　ファイルを新規作成してデータを書き込む場合、ファイルモードには「w」を指定します。もし

---
[10]with文は必ずしも必要ではないのですが、open関数だけでファイルを開くと、入出力の処理の後、close関数でファイルを閉じる必要が出てきます。ファイルを閉じる煩わしさを避けるため、本書ではwith文とopen関数を用いてファイルを開きます。

95

Pythonの基本文法

すでに同名のファイルが存在している場合、ファイルモードに「w」を指定すると、その内容を書き換えてしまいますが、ファイルモードに「x」を指定すると、書き換える前にエラーメッセージが表示されます。ファイルモードに「a」を指定すると、すでに存在するファイルに追記します。

変数名には、open関数で開くファイルにつける変数名を指定します。このとき変数名は**ファイル型**というデータ型になります。ファイルの読み込みや書き出しは、このファイル型のデータに備わっているメソッドを用いて行います。

3.12.2 | 文字列の書き込みと読み込み

開いたファイルに書き込みを行うためには、writeメソッドを用います。

┌─ writeメソッド ────────────────────
（変数名）.write('（文字列）')
└──────────────────────────────

変数名には、開いたファイルにつけた変数名を指定します。writeメソッドの引数には、ファイルに書き込みたい文字列をクォーテーションで囲んで指定します。次のプログラムをセルに打ち込んで実行してみましょう。

```
[1]: with open('fruits.txt','w') as f:
         f.write('りんご\n')
```

ここで、「りんご」の次にある「\n」は、改行するという意味があります。

プログラムを実行すると、ノートブックが保存されているフォルダに、fruits.txtという名前のファイルが生成されます。このファイルを、Windowsの「メモ帳」等のテキストエディタで開いてみると[11]、「りんご」という文字列が書かれていることがわかります。

今度は「りんご」の次の行に、「バナナ」という文字列を追記してみましょう。すでに存在するファイルに追記するので、ファイルモードは「a」を指定します。

```
[2]: with open('fruits.txt', 'a') as f:
         f.write('バナナ')
```

セルのプログラムを実行したら、出力された結果を確かめてみましょう。テキストエディタを一旦閉じてfruits.txtを開き直すと、「りんご」の次の行に「バナナ」と記されていることがわかります。fruits.txtを最初に作ったときに、「りんご」の後に改行記号を入れておいたので、「バナナ」

---

[11]Jupyter Notebookでも、「txt」の拡張子がついたデータを開くことができます。

ファイルの入出力 **3.12**

は次の行に書かれているというわけです。

今度は、fruits.txtの内容を読み込み、文字列を画面に表示するプログラムを書いてみましょう。新しいセルに次のプログラムを打ち込んでください。

```
[3]: with open('fruits.txt', 'r') as file:
         line = file.readlines()
     print(line)
```

（実行結果）
['りんご\n', 'バナナ']

この場合は、すでにあるファイルを読み込むので、ファイルモードは「r」でファイルを開くことになります。

readlinesメソッド[*12]は、複数行にわたるデータを読み込み、結果をリスト型のデータとして返します。このプログラムではreadlinesメソッドを使って、データを変数lineに保存しています。変数lineのデータ型はもちろんリスト型になります。

ここで実行結果を見てみると、「りんご」の後に「\n」が残っています。「\n」を削除するためには、次のようにプログラムを書き換えます。

```
[4]: with open('fruits.txt', 'r') as file:
         line = file.read().splitlines()
     print(line)
```

（実行結果）
['りんご', 'バナナ']

readメソッドはデータを読み込み、文字列型のデータを返してきます。またsplitlinesメソッドは文字列型のデータを改行位置で区切って分割し、リスト型のデータを生成するメソッドです。

3.12.3 │ 数値の書き込みと読み込み

今度は、数値の書き込みと読み込みを試してみましょう。次のプログラムをセルに入力し、実行してください。

```
[5]: with open('suretsu.txt', 'w') as f:
         for i in range(1, 10):
             f.write(f'{i}\n')
```

[*12] 似たようなメソッドにreadlineメソッドがあります。このメソッドは、ファイルから1行だけを読み込みます。

97

Pythonの基本文法

　このプログラムでは、新規ファイルsuretsu.txtを開き、1から9までの整数を、for文を用いて書き込みます。writeメソッドで書き込む際に、print文で用いたf文字列（76ページ）の書き方を用いて、変数iの数値を書き出しました。エディタでsuretsu.txtを開いて、各行に1から9までの整数が書かれていることを確認してください。

　suretsu.txtを、文字列のときと同じ方法で読み込むと、少し困ったことが起きてしまいます。次のプログラムを打ち込んでみましょう。

```
[6]: with open('suretsu.txt', 'r') as f:
         line = f.read().splitlines()
     print(line)
```

（実行結果）
```
['1', '2', '3', '4', '5', '6', '7', '8', '9']
```

　このように、readメソッドとsplitlinesメソッドは、文字列型のデータをリストで返してきますので、数値データとして扱うことができません。この場合、**int関数**を用いて文字列データを整数値のデータに変換すると、数値データをリストで取り出すことができます。次のプログラムを打ち込んでみましょう。

```
[7]: numbers = []
     with open('suretsu.txt', 'r') as f:
         for line in f.readlines():
             n = int(line)
             numbers.append(n)
     print(numbers)
```

（実行結果）
```
[1, 2, 3, 4, 5, 6, 7, 8, 9]
```

　実行結果は、数値データのリストになっています。まず空のリストnumbersを作っておきます。そしてreadlinesメソッドで読み込んだデータを、一つずつ変数lineに代入し、int関数で整数に直して変数nに代入します。あとは変数nの値を、appendメソッドを用いてnumbersに追加していけばいいというわけです。

SECTION
3.13 | 練習問題

1. 人間の身長を H[m]、体重を M[kg]とすると、肥満の指標は次のBMI（Body Mass Index）で表される。

$$BMI = \frac{M}{H^2} \qquad (3.8)$$

肥満の判定基準は様々だが、BMIが25以上のときに肥満、18.5未満のときに低体重、それ以外を標準とする。身長と体重を入力して肥満度を画面に表示するプログラムを作りなさい。

2. おもりと床の間の最大静止摩擦力を測定した。おもりが床から受ける垂直抗力 と、おもりと床の間の最大静止摩擦力の関係を調べたところ、次のような実験結果を得た。

垂直抗力[N]	最大静止摩擦力[N]
0.513	0.186
0.981	0.392
1.518	0.622
2.085	0.794
2.430	1.039

このデータから、最小二乗法を用いて静止摩擦係数を計算するプログラムを作成しなさい。

第4章

VPythonの
プログラムを書いてみよう

この章では、いよいよVPythonを用いたプログラムを書いてみましょう。

まずはグラフを描く方法を学び、次に様々なオブジェクトを

組み合わせて3次元のグラフィックスを描く方法を学びます。

注意　第4章以降のプログラムには、「例4.1」のように番号がついています。Jupyter Notebookを利用している読者は、1つのプログラムにつき1つの新規ノートブックを作成し、最初のセルにプログラムを書いてください（新規ノートブックの作成方法は2.2.2項を参照）。

SECTION 4.1 グラフを描いてみよう

　VPythonを用いると、実験やシミュレーションで得られたデータをグラフに描くことができます。Pythonにはグラフを描くためのパッケージ（MatplotlibやBokeh等）が用意されており、グラフを描くだけであれば、それらのパッケージを用いた方が断然便利です。しかしVPythonを用いると、アニメーションやグラフで、物理シミュレーションの実行結果をリアルタイムに表すといったことが簡単にできるようになります。

　まずは$y = \sin x \, (0 \leq x \leq 2\pi)$のグラフを描いてみましょう。新規ノートブックの1番目のセルに、次のプログラムを書いて実行してみてください。

例4.1

```
001  from vpython import *
002  scene = canvas()
003  graph(title = 'sin(x)', xtitle = 'x', ytitle = 'f(x)')
004  f1 = gcurve(color = color.red)
005  for X in arange(0.0, 2.0 * pi, 0.1):
006      f1.plot(X, sin(X))
```

　実行すると、セルの下にサイン関数のグラフが表示されます（図4.1）。マウスポインタをグラフ上の適当な位置に置いてみると、グラフ上の数値を確認することができます。

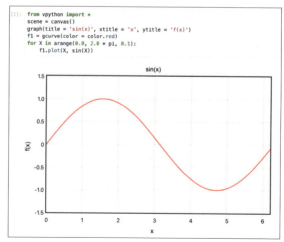

図4.1　1番目のセルの真下に$y = \sin x \, (0 \leq x \leq 2\pi)$のグラフが描かれる。

例4.1のプログラムを少し変更し、$y = \cos x \ (0 \leq x \leq 2\pi)$のグラフを描いてみましょう。6行目を以下の命令に書き換えます。

```
f1.plot(X, cos(X))
```

もう一度実行してみると、今度はコサイン関数がセルの下に表示されます。

4.1.1 | グラフの属性の指定：graph

それでは例4.1のプログラムについて解説します。

まず1行目の「**from vpython import ***」の部分は、VPythonの命令を全て使うための一文です[1]。VPythonを用いたプログラムを書くときには、必ず1行目にこの一文を書きますが、Web VPythonを使う場合はこの一文は書く必要がありません（付録B）。

2行目の**canvas**は、本来グラフを描くときには必要のない命令ですが、セルの内容を書き換えて実行したときに、実行結果を上書きするために敢えて入れてあります[2]。canvasについては、4.2.1項で解説します。

3行目の**graph**は、グラフを描く領域（グラフウィンドウ）の属性を指定する命令です。

---
graph
```
graph(属性1 = ..., 属性2 = ..., )
```
---

graphで指定できる属性はいろいろありますが、よく用いられると思われる属性を、表4.1にまとめます。属性を指定しない場合は、デフォルト値が用いられます。

widthと**height**はピクセル数が単位となっているのでわかりにくいですが、グラフを描いてみて見にくければ、その都度値を変えて調整するとよいでしょう（デフォルト値はwidth = 640、height = 480）。なお、軸ラベルの文字サイズやフォントの種類は変更できないようなので、レポートやプレゼン資料にグラフを貼り付ける場合は注意が必要です。

---

[1] グラフやオブジェクトの表示に関する命令に加え、全ての数学関数（表3.2）とrandom関数、clock関数、arange関数が使えるようになります。

[2] この命令を書かないと、セルを何度か書き換えて実行しているうちに、グラフが表示されなくなることがあります。

VPythonのプログラムを書いてみよう

表4.1 グラフの属性。

属性	指定できること
width	グラフの幅
height	グラフの高さ
title	グラフタイトル
xtitle	x軸のラベル
ytitle	y軸のラベル
foreground	グラフの色
background	背景色
xmax	xの最大値
xmin	xの最小値
ymax	yの最大値
ymin	yの最小値
logx	対数軸の設定（x軸）
logy	対数軸の設定（y軸）
fast	Plotlyの指定

　title、**xtitle**、**ytitle**には、それぞれグラフのタイトル、x軸のラベル、y軸のラベルを設定します。ラベルには日本語を用いることが可能です。また、ラベルにはHTML言語を用いて、斜体（<i>や<em>）や太字（<b>や<strong>）、あるいは上付き（<sup>）や下付き（<sub >）の文字を指定することもできます。たとえば、y軸のラベルをx_tのように書きたいのであれば、ytitleの値を

```
ytitle = "<i>x</i><sub>t</sub>"
```

のように指定します。

　foreground、**background**には、それぞれグラフの色と背景色を指定します。色の指定の仕方は、付録Aにまとめました。

　fastには、グラフ描画に**Plotly**を使うかどうかを指定します。Plotlyとは、対話的にデータを視覚化するためのライブラリのことです[3]。Plotlyを用いると、グラフを一部拡大したり、マウスドラッグで描画する範囲を対話的に指定することもできます。Plotlyを用いたグラフを描くには、

---

[3]https://plotly.com/python/

例 4.1 の 3 行目を

```
... xtitle = 'x', ytitle = 'f(x)', fast = True)
```

に変更します。

4.1.2 　折れ線グラフを描く：gcurve

例 4.1 のプログラムの 4 行目にある **gcurve** は、複数の点をつないで折れ線グラフを描くための命令です。例 4.1 のグラフはなめらかな曲線に見えますが、実際には間隔の狭い点同士が、短い線分でつながれている折れ線グラフです。

> **gcurve**
> gcurve(color = 色, label = ラベル名)

color 属性には線分の色（付録 A の表 A.1）を指定します。また、必要に応じて、label 属性にグラフラベルを指定することもできます。

折れ線グラフの点の指定の仕方には、以下の二通りの方法（例 4.2、例 4.3）があります。まずは次のプログラムを書いて実行してみましょう。

例 4.2

```
001  from vpython import *
002  scene = canvas()
003  graph()
004  f1 = gcurve(color = color.red, label = "折れ線グラフ")
005  f1.plot([1, 2], [3, 4], [5, 2], [7, 4])
```

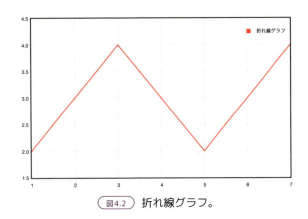

図 4.2　折れ線グラフ。

画面には、図4.2のような折れ線グラフが表示されます。gcurveで生成したグラフを変数f1に代入し、plotメソッドで複数の点の座標を指定すると、それらの点をつないだ折れ線グラフが表示されます。

今度は例4.1のプログラムを少し書き換えて、ガウス関数

$$f(x) = \exp(-x^2) \quad (-5 \leq x \leq 5) \tag{4.1}$$

のグラフを描いてみましょう。

例4.3

```
001  from vpython import *
002  scene = canvas()
003  graph(title = "ガウス関数<i>f</i>(x)=exp(-x<sup>2</sup>)", xtitle = "x",
004        ytitle = "<i>f</i>(x)")
005  f1 = gcurve(color = color.red)
006  for X in arange(-5.0, 5.0, 0.1):
007      f1.plot(X, exp(-X**2))
```

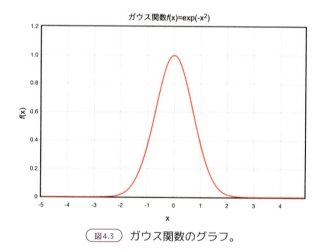

図4.3　ガウス関数のグラフ。

画面には、図4.3のようなグラフが表示されます。この方法では、for文でx座標を生成して変数Xに代入し、対応する点の位置(X, f(X))を、plotメソッドを用いて、折れ線でつないでいきます。

ここで、for文中にある**arange**関数に注目しましょう。3.6.2項では整数列を作るrange関数について学びました。それに対し、arange関数は一般的な数列を生成する関数です。例4.3のプログラムでは、x座標を−5.0から5.0まで刻み幅0.1で生成し、変数Xに代入しています。

4.1.3 散布図を描く：gdots

散布図を描きたいときは**gdots**を用います。

> **gdots**
> gdots(pos = データ点の座標のリスト, color = データ点の色)

例4.4のプログラムを書いて実行してみましょう。

例4.4
```
001  from vpython import *
002  scene = canvas()
003  graph(title = "散布図", xtitle = "x", ytitle = "y", xmax = 4.5)
004  values = [(0.0, 0.0), (1.0, 2.0), (2.0, 4.0), (3.0, 6.0), (4.0, 8.0)]
005  gdots(pos = values, color = color.blue)
```

プログラムを実行すると、画面に散布図が表示されます（図4.4）。散布図を描く場合でも、まずはgraphでグラフの属性を設定します（3行目）。ここではx（横軸）の最大値を4.5に設定しました（xmax = 4.5）。データ点の座標をリストにして変数valuesに代入し（4行目）、gdots内のpos属性に指定すると散布図として表示されます。

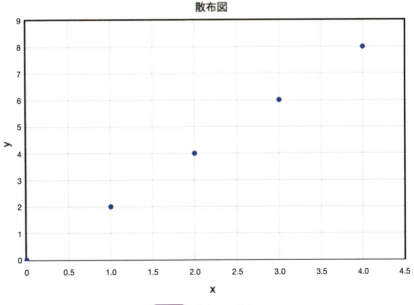

図4.4　散布図の例。

4.1.4 対数軸の設定

対数軸を用いてグラフを表示したいことがあります。x軸やy軸を対数軸にするには、graphのlogx属性やlogy属性に、Trueを指定します（デフォルトはFalse）。例として、べき乗関数$f(x) = x^{-1}$のグラフを両対数軸で表示してみましょう。

例4.5

```
001  from vpython import *
002  scene = canvas()
003  graph(title = 'べき乗関数 <i>f</i>(<i>x</i>) = <i>x</i><sup>-1</sup>',
004        xtitle = 'x', ytitle = 'f(x)', logx = True, logy = True,
005        xmin = 0.1, xmax = 10, ymin = 0.1)
006
007  f = gcurve(color = color.red) # a graphics curve
008
009  for x in arange(0.1, 10, 0.1):
010      f.plot(x, x**(-1))
```

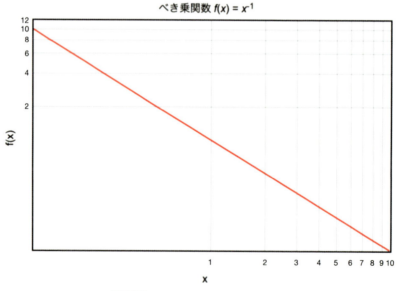

図4.5　べき乗関数の両対数表示。

実行した結果は図4.5のようになります。対数軸を設定してグラフがうまく表示されない場合、xやyの最大値・最小値を適切に設定してください。例4.5のプログラムの場合、5行目でyminを設定しないとグラフがほとんど見えなくなってしまいます。

4.1.5 パラメータ表示された曲線

今度はパラメータ表示された曲線を描いてみましょう。例として、対数らせん

$$x(t) = \frac{1}{2}\exp(ct)\cos(t), \quad (4.2)$$

$$y(t) = \frac{1}{2}\exp(ct)\sin(t). \quad (4.3)$$

を描いてみます。この場合、t をパラメータ（媒介変数）とした点 $(x(t), y(t))$ の集合を描くことになります。c の値の符号や絶対値の大きさによって、らせんを巻く方向やらせんの大きさが変化しますが、例4.6のプログラムでは、$c = 0.1$ のときの対数らせんを描いています。

例4.6

```
001  from vpython import *
002  scene = canvas()
003  gd = graph(xtitle = 't', ytitle = 'y', height = 600, width = 600,
004              xmin = -10, xmax = 10, ymin = -10, ymax = 10)
005  funct1 = gcurve(color = color.blue, width = 4, markers = True,
006                  marker_color = color.orange)
007
008  for t in arange(0, 30, 0.1):
009      rate(50)
010      funct1.plot( pos = ( 0.5*exp(0.1*t)*cos(t), 0.5*exp(0.1*t)*sin(t) ))
```

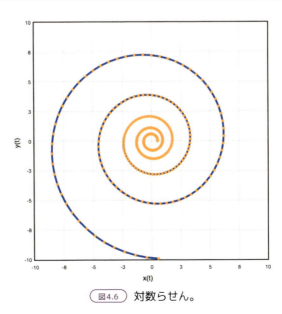

図4.6　対数らせん。

プログラムを実行すると、図4.6のようならせんが表示されます。例4.6のプログラムの5行目では、markers属性をTrueにしているので、式（4.2）、（4.3）で表される点がオレンジ色（marker_color = color.orange）で表示されています。

また、9行目にrate関数（172ページで解説します）を入れたため、グラフの描画がアニメーションになっています。もし9行目を書かない場合は、最終的ならせん形が表示されるのみとなり、アニメーションでは表示されません。

4.1.6 複数のグラフを並べる

複数のグラフを並べて表示したいことがあります。例4.7のプログラムを書いて実行してみましょう。

例4.7

```
001  from vpython import *
002  scene = canvas()
003  G1 = graph(xtitle = 'x', ytitle = 'sin x')
004  G2 = graph(xtitle = 'x', ytitle = 'cos x')
005
006  F1 = gcurve(graph = G1, color = color.red)
007  F2 = gcurve(graph = G2, color = color.red)
008
009  for X in arange(0.0, 2.01*pi, pi/100):
010      F1.plot(X, sin(X))
011      F2.plot(X, cos(X))
```

プログラムを実行すると、$y = \sin x$ と $y = \cos x$ のグラフが、縦に並んで表示されます（図4.7）。このプログラムでは、graphを用いて2つのグラフウィンドウを生成し、それぞれにG1、G2という変数名をつけています。その後、gcurveのgraph属性に、G1かG2を指定し、生成したグラフを、それぞれ変数F1、F2に代入します（6、7行目）。最後にそれぞれのグラフウィンドウに指定した関数（今の場合は $y = \sin x$ と $y = \cos x$）を、plotメソッドで描きます。

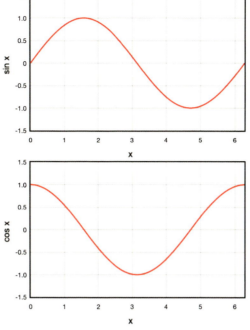

図4.7 　$y = \sin x$ と $y = \sin x$ のグラフを縦に並べて表示する。

2枚のグラフを横に並べて表示するには、graphのalign属性にグラフの位置を指定します。例4.7のプログラムを少し書き換えた、例4.8のプログラムを書いて実行してみましょう。

例4.8

```
001  from vpython import *
002  scene = canvas()
003  G1 = graph(width = 450, height = 300, xtitle = "x", ytitle = "sin x",
004             align = "left")  # 左側に配置
005  G2 = graph(width = 450, height = 300, xtitle = "x", ytitle = "cos x",
006             align = "right") # 右側に配置
007
008  F1 = gcurve(graph = G1, color = color.red)
009  F2 = gcurve(graph = G2, color = color.red)
010
011  for X in arange(0.0, 2.01*pi, pi/100):
012      F1.plot(X, sin(X))
013      F2.plot(X, cos(X))
```

VPythonのプログラムを書いてみよう

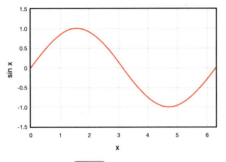 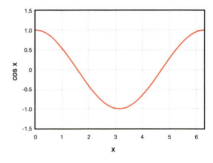

図4.8　$y = \sin x$と$y = \cos x$のグラフを横に並べて表示する。

　プログラムを実行すると、図4.8のように2枚のグラフが横並びで表示されます。4行目で、G1で定義されるグラフのalign属性を"left"に設定したので、$y = \sin x$のグラフが左側に表示されます。6行目では、G2で定義されるグラフのalign属性を"right"に設定したので、$y = \cos x$のグラフが右側に表示されます。

　例4.8のプログラムでは、2枚のグラフの横幅はそれぞれ「width = 450」に設定しました。これは、著者のパソコンで2枚のグラフが横並びになるように値を調整した結果です。widthの値が大きいと横並びにならないので、注意が必要です。

4.1.7　複数のグラフを重ねてプロットする

　複数のグラフを重ねて表示したい場合は、1枚のグラフウィンドウのみを用意すればいいことになります。例4.9のプログラムを書いて実行してみましょう。

例4.9

```
001: from vpython import *
002: scene = canvas()
003: graph(xtitle = 'x', ytitle = 'f(x)')
004:
005: F1 = gcurve(color = color.red)
006: F2 = gcurve(color = color.blue)
007:
008: for X in arange(0.0, 2.01*pi, pi/100.0):
009:     F1.plot(X, sin(X))
010:     F2.plot(X, cos(X))
```

　プログラムを実行すると、$\sin x$と$\cos x$の2つの関数が1枚のグラフウィンドウにプロットされます（図4.9）。複数のグラフを1枚のグラフウィンドウにプロットする場合は、グラフの色を変えると区別がしやすくなります。例4.9のプログラムでは、2つのグラフをそれぞれ赤（color.red）

と青（color.blue）で表示しました。

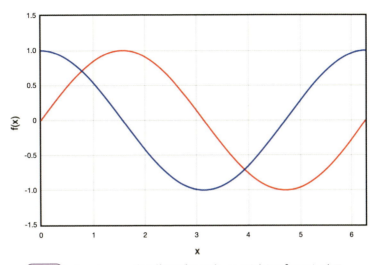

図4.9　$\sin x$と$\cos x$を1枚のグラフウィンドウにプロットする。

4.1.8 練習問題

3.13節の練習問題2で得られた実験式を、データと共に1枚のグラフに表示するプログラムを書きなさい。

SECTION 4.2 オブジェクトを描いてみよう

　VPythonに用意されている様々なオブジェクトを組み合わせて、3次元の物体を画面に表示することができます。この場合もグラフの場合と同様に、最初にオブジェクトを配置する領域（**シーン**）を定義し、色やサイズなどの属性を指定したオブジェクトを配置します。まずは例4.10のプログラムをセルに書いて実行してみましょう。

例4.10

```
001  from vpython import *
002  scene = canvas()
003  sphere()
```

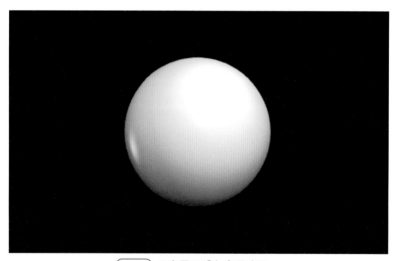

図4.10　3次元の球を表示する。

　プログラムを実行すると、セルの真下に球（図4.10）が表示されます。表示された3次元の物体は、マウスで右ドラッグすれば物体を回転させることができ[*4]、スクロールすればズームイン・ズームアウトすることができます（表4.2）。

[*4] 後述するように、実際には視点（カメラの向く方向）を変えています。

オブジェクトを描いてみよう **4.2**

表4.2 マウス操作とカメラの動き。

マウス操作	カメラの動き
右ドラッグ	物体を回転
Ctrl + 左ドラッグ	物体を回転
スクロール	ズームイン・アウト
Alt/Option + 左ドラッグ	ズームイン・アウト
Shift + 左ドラッグ	パン（水平、上下移動）

　3行目の**sphere**は、球体を画面に表示する命令ですが、括弧の中に色や大きさ等、様々な属性を指定することができます。

　試しに球体の色を青色に変えてみましょう。オブジェクトの色を変えるためには、**color**属性に色の種類を指定します。例4.10のプログラムの3行目を

```
sphere(color = color.blue)
```

と書き換えて実行すると、青色の球体が画面に表示されます。

　3次元のオブジェクトには色を指定するだけでなく、テクスチャを貼り付けることも可能です（**テクスチャマッピング**）。試しに、球体に地球のテクスチャを貼り付けてみましょう。画像を貼り付けるためには、**texture**属性にテクスチャの種類を指定します。例4.10の3行目を、

```
sphere(texture = textures.earth)
```

と書き換えてプログラムを実行すると、地球が画面に表示されます（図4.11）。指定することのできるテクスチャの種類は、表4.3に示した通りです。これらのテクスチャの外見は、1.4節で紹介したWeb VPythonのサンプルプログラム（Textures-VPython）で確認することができます。

VPythonのプログラムを書いてみよう

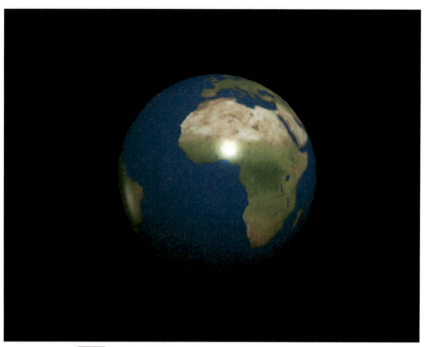

図4.11 球体に地球のテクスチャを貼り付けたところ。

表4.3 使用できるテクスチャの種類。

指定する属性の種類	表示されるテクスチャ
textures.flower	花
textures.granite	花崗岩
textures.gravel	砂利
textures.metal	金属
textures.rock	岩
textures.rough	砂地
textures.rug	ラグ
textures.stones	石
textures.stucco	スタッコ
textures.wood	木目
textures.wood_old	古い木目
textures.earth	地球

4.2.1 canvasとVPythonの座標系

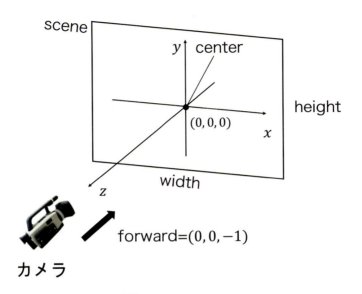

図4.12 VPythonの座標系。

オブジェクトを表示するための領域を**シーン**といいます。シーンの属性は、**canvas**を用いて指定します。canvasは、グラフを描くときに用いたgraphに似た働きをします。

シーンには自動的に**scene**という変数名がつけられます。例4.1～例4.10のプログラムでは、「scene = canvas()」という命令をわざわざ書きましたが、ただ「canvas()」と書いても実行結果は変わりません。

シーンの横軸と縦軸は、それぞれx軸とy軸に相当し、デフォルトではシーンの中心が原点になります（図4.12）。シーンの中心の座標は、canvasの**center**属性で指定することもできます（4.2.2項）。

xy平面に垂直に伸びるz軸は、シーンの奥から手前に向かう方向が、正の方向と定義されます。すなわち、シーン内のオブジェクトを写すカメラ（私たちの視点）は、デフォルトでは$z>0$の位置にあり、$(0,0,-1)$方向を向いています。カメラの向く方向は、マウスをドラッグすることで変化させることができますが（表4.2）、canvasの**forward**属性で方向を指定することもできます（4.2.2項）。もちろんforward属性のデフォルト値は$(0,0,-1)$です。

また、シーンは複数用意することもできます。例4.11のプログラムを書いて実行してみましょう。

例4.11

```
001: from vpython import *
002: scene = canvas()   # 1つ目のシーンを用意
003: scene2 = canvas()  # 2つ目のシーンを用意
004: sphere(canvas = scene)   # 1つ目のシーンに球体を表示
005: box(canvas = scene2)     # 2つ目のシーンに球体を表示
```

実行してみると、2つのシーンが縦に並んで表示され、上から球と箱が表示されます（図4.13）。sphereとboxは、それぞれ球と箱のオブジェクトを表示する命令ですが、それぞれのオブジェクトのcanvas属性で表示するシーンを指定します。なお、2つのシーンを横に並べることも可能です（次項で紹介するalign属性で指定します）。

図4.13 複数のシーンにオブジェクトを描く。

4.2.2 canvasの属性

すでに述べたように、canvasのカッコの中でシーンの属性を指定します。シーンの属性は細々としたものが数多く用意されていますが[*5]、ここではよく使われると思われる属性のみを紹介します。

[*5] https://www.glowscript.org/docs/VPythonDocs/canvas.html

width, height

widthとheightはgraph関数のときと一緒で、シーンのサイズをピクセル単位で表しています。いろいろな値を試してちょうどいい大きさを指定するとよいでしょう。デフォルト値はwidth = 640、height = 400です。

center

シーンの中心の座標をベクトルで指定します。3次元ベクトルを定義するためには、**vector**（5.1節で解説します）を使います。デフォルト値はvector(0, 0, 0)です。

range

rangeは、シーンの中心から端までの長さを表します。

up

3次元のオブジェクトをシーンに描くときには、z軸が上を向いていた方が直感的でわかりやすいです。up属性をvector(0, 0, 1)に設定すると、z軸が上向きになるように、オブジェクトが描画されます。

forward

前項でも紹介しましたが、forwardはカメラの向く方向を定義します。forwardのデフォルト値はvector(0, 0, -1)です。なおforwardの値を変更しても、シーンの中心は変わりません。

background

backgroundはウインドウの背景色を指定します。デフォルト値はcolor.black（黒）です。

align

align属性を"left"に設定すると、シーンが左側に配置され、右側には別のシーンやキャプション等を配置することができます。2つのシーンを横に並べたいのであれば、一つ目のシーンのalign属性を"left"に指定し、もう一つのシーンのalign属性を"right"に設定します。

lights

オブジェクトを照らす光源の位置を設定することができます。これについては、後の4.2.14項で詳しく解説します。

4.2.3 矢印：arrow

矢印を描くためには**arrow**を使います。

> **arrow**
> arrow(属性1, 属性2, ･･･)

表4.4 arrowの属性とデフォルト値。

属性	意味	デフォルト値
pos	末端の中心の座標	vector(0, 0, 0)
axis	矢印の方向ベクトル	vector(1, 0, 0)
length	矢印の長さ	1
color	色	color.white

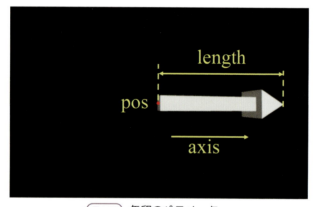

図4.14 矢印のパラメータ。

　指定できる属性とデフォルト値を、表4.4に示します。pos属性で末端（矢尻の反対側）の中心の座標を与えます（図4.14）。矢印の方向と長さは、それぞれaxis属性とlength属性で定義します。

　color属性には、矢印の色を定義することができます。例4.12のプログラムの実行結果を、図4.15に示します。

例4.12

```
001  from vpython import *
002  scene = canvas()
003  arrow(pos = vector(0, 0, 0), axis = vector(0, 1, 0), length = 7,
004        color = color.red)
```

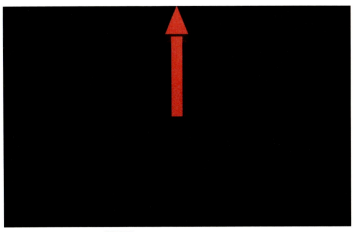

図4.15　矢印のオブジェクト。

4.2.4　円柱：cylinder

円柱を描くためには **cylinder** を使います。

cylinder

```
cylinder(属性1, 属性2, …)
```

表4.5　cylinder の属性とデフォルト値。

属性	意味	デフォルト値
pos	底面の中心の座標	vector(0, 0, 0)
axis	軸の方向ベクトル	vector(1, 0, 0)
length	円柱の長さ	1
radius	底面の半径	1
color	色	color.white

VPythonのプログラムを書いてみよう

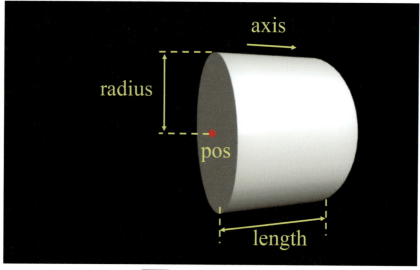

（図4.16）円柱のパラメータ。

指定できる属性とデフォルト値を、表4.5に示します。指定できる属性はarrowの場合とほとんど一緒です。pos属性とradius属性で、円柱の底面の中心座標と半径を定めます（図4.16）。例4.13のプログラムの実行結果を、図4.17に示します。

例4.13

```
001  from vpython import *
002  canvas(forward = vector(-1, -1, -1), range = 6)
003  cylinder(pos = vector(0, 0, 0), axis = vector(0, 1, 0), length = 4, radius = 3,
004           color = color.red)
```

（図4.17）円柱のオブジェクト。

4.2.5 　円錐：cone

円錐を描くためには **cone** を使います。

> **cone**
> cone(属性1, 属性2, ・・・)

表4.6　coneの属性とデフォルト値。

属性	意味	デフォルト値
pos	底面の中心の座標	vector(0, 0, 0)
axis	軸の方向ベクトル	vector(1, 0, 0)
length	軸方向の長さ	1
radius	底面の半径	1
color	色	color.white

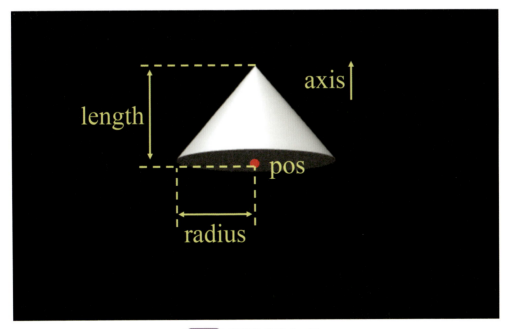

図4.18　円錐のパラメータ。

　指定できる属性とデフォルト値を、表4.6に示します。coneの属性も、arrowやcylinderのものとほとんど一緒です（図4.18）。例4.14のプログラムの実行結果を、図4.19に示します。

例4.14

```
001  from vpython import *
002  canvas(forward = vector(-1, -1, -1), range = 6)
003  cone(pos = vector(0, 0, 0), axis = vector(0, 1, 0), length = 4, radius = 3,
004       color = color.red)
```

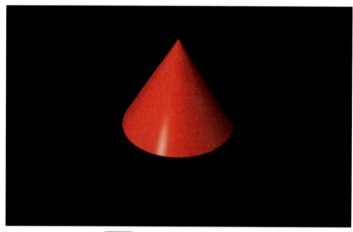

図4.19　円錐のオブジェクト。

4.2.6 ｜ 四角錐：pyramid

四角錐を描くためには **pyramid** を使います。

> **pyramid**
> pyramid(属性1, 属性2, ⋯)

表4.7　pyramidの属性とデフォルト値。

属性	意味	デフォルト値
pos	底面の中心の座標	vector(0, 0, 0)
axis	底面の法線ベクトル	vector(1, 0, 0)
length	底面から頂点までの長さ	1
height	底面の一辺の長さ	1
width	底面の一辺の長さ	1
color	色	color.white

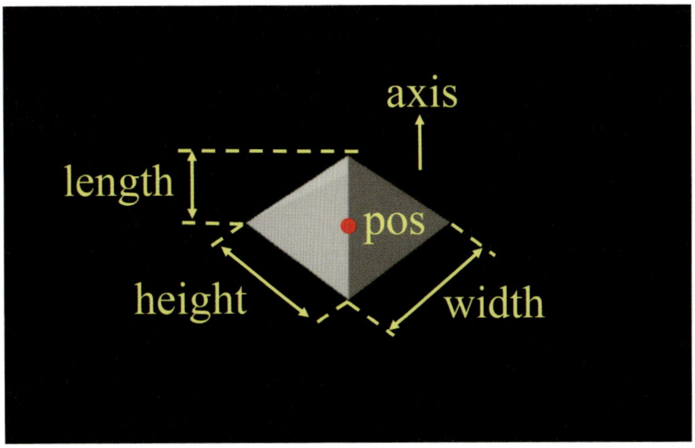

図4.20 四角錐のパラメータ。

　指定できる属性とデフォルト値を、表4.7に示します。pos属性で底面の中心座標を定め、axis属性で底面の法線ベクトル（底面から頂点に向く方向ベクトル）を定めます（図4.20）。また、height属性とwidth属性で底面の辺の長さ[*6]、length属性で底面から頂点までの長さを定めます。例4.15のプログラムの実行結果を、図4.21に示します。

例4.15

```
001  from vpython import *
002  scene = canvas(forward = vector(-1, -1, -1), range = 6)
003  pyramid(pos = vector(0, 0, 0), axis = vector(0, 1, 0), length = 4, height = 4,
004          width = 6, color = color.red)
```

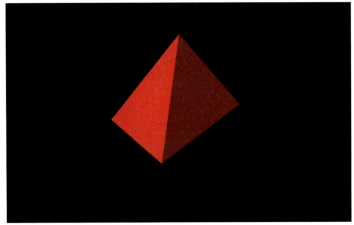

図4.21 四角錐のオブジェクト。

[*6] わかりにくい属性名ですが、デフォルトで四角錐を表示した際に底面の高さ（y方向）と奥行き（z方向）に相当するため、このような名前になっているようです。

VPythonのプログラムを書いてみよう

4.2.7 球：sphere

球を描くためには**sphere**を使います。

> **sphere**
> sphere(属性1, 属性2, ···)

指定できる属性とデフォルト値を、表4.8に示します。pos属性で球の中心の座標を与え、radius属性で球の半径を与えます（図4.22）。アニメーション表示の際に指定する属性は、5.5.4項で紹介します。例4.16のプログラムの実行結果を、図4.23に示します。

表4.8　sphereの属性とデフォルト値。

属性	意味	デフォルト値
pos	中心の座標	vector(0, 0, 0)
radius	半径	1
color	色	color.white

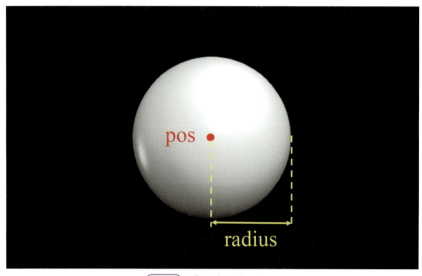

図4.22　球のパラメータ。

例4.16

001	`from vpython import *`
002	`scene = canvas()`
003	`sphere(pos = vector(0,0,0), radius = 2, color = color.red)`

図4.23 球のオブジェクト。

4.2.8 折れ線：curve

折れ線を描くためには **curve** を使います。

> **curve**
> curve(属性1, 属性2, ⋯)

指定できる属性とデフォルト値を、表4.9に示します。pos属性で点の座標をリストで指定すれば（点は何個でも構いません）、それらを全てつなぐ折れ線が表示されます（図4.24）。radius属性は線の太さを表す値で、デフォルト値は0です。例4.17のプログラムの実行結果を、図4.25に示します。

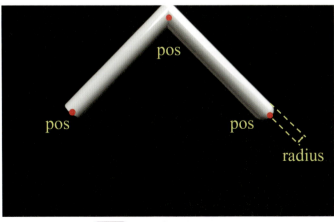

図4.24 折れ線のパラメータ。

表4.9 curve関数の属性とデフォルト値。

属性	意味	デフォルト値
pos	点の座標（のリスト）	なし
radius	線の太さ	0
color	色	color.white

例4.17

```
001 from vpython import *
002 scene = canvas()
003 curve(pos = [(-1, 0, 0), (0, 1, 0)], radius = 0.05, color = color.blue)
004 curve(pos = [(0, 1, 0), (1, 0, 0)], radius = 0.05, color = color.white)
005 curve(pos = [(1, 0, 0), (-1, 0, 0)], radius = 0.05, color = color.red)
```

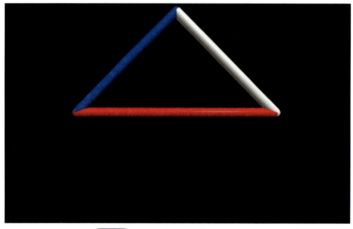

図4.25 折れ線のオブジェクト。

4.2.9 らせん：helix

らせんを描くためにはhelixを使います。ばねやコイル等を表現することができます。

helix
```
helix(属性1, 属性2, ･･･)
```

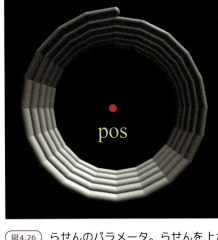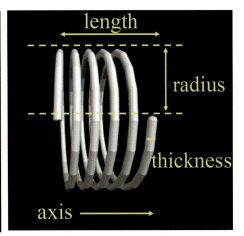

図4.26 らせんのパラメータ。らせんを上から見たところ（左）と横から見たところ（右）。

表4.10 helixの属性とデフォルト値。

属性	意味	デフォルト値
pos	端の位置	vector(0, 0, 0)
axis	軸の方向	vector(1, 0, 0)
length	長さ	1
radius	断面の半径	1
coils	巻き数	5
thickness	線の太さ	radius/20
color	色	color.white
size	長さと断面のサイズ	vector(length, height, width)

　指定できる属性とデフォルト値を、表4.10に示します。表4.10の最後にあるsize属性は、らせんの長さと断面のサイズ（幅と高さ）を同時に指定するためのものです（図4.26）。height属性で断面の高さ、width属性で断面の幅を指定できるので、断面を楕円形にすることもできます。例4.18のプログラムでは、半径2、長さ5、巻き数10（coils = 10）のらせんを描きます（図4.27）。

例4.18

```
from vpython import *
scene = canvas(forward = vector(1, -0.5, -1))
helix(pos = vector(-1, 0, 0), radius = 2, length = 5, coils = 10,
      color = color.red)
```

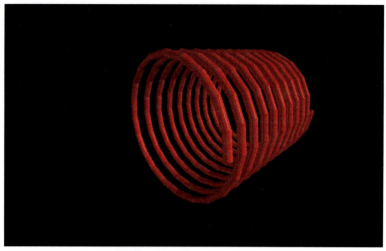

図4.27 らせんのオブジェクト。

4.2.10 箱：box

箱を描くためには **box** を使います。箱だけでなく、薄い板を表現することもできます。

> **box**
> box(属性1, 属性2, ･･･)

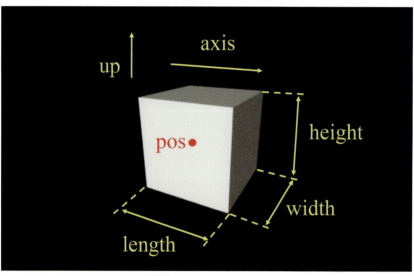

図4.28 箱のパラメータ。

表4.11 boxの属性とデフォルト値。

属性	意味	デフォルト値
pos	中心の位置	vector(0, 0, 0)
axis	中心軸の方向	vector(1, 0, 0)
up	中心軸に垂直な方向	vector(0, 1, 0)
length	中心軸方向の辺の長さ	1
width	奥行き方向の辺の長さ	1
height	中心軸に垂直な辺の長さ	1
color	色	color.white

　指定できる属性とデフォルト値を、表4.11に示します。箱のサイズはlength, height, widthの各属性の値で決まります（図4.28）。length属性とheight属性にはそれぞれaxis方向、up方向の辺の長さを指定し、width属性には奥行き方向の辺の長さを指定します。

　表4.11に示したように、axis属性とup属性のデフォルト値は、それぞれx軸とy軸の方向ですので、箱の3つの辺はそれぞれx, y, z軸に平行になります。axis属性やup属性の方向を設定することで、箱を所望の位置に配置することができます。例4.19のプログラムの実行結果を、図4.29に示します。

例4.19

```
001  from vpython import *
002  scene = canvas(forward = vector(-0.3, -0.5, -1), range = 2)
003  box(color = color.red)
```

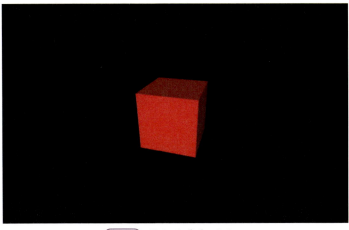

図4.29 箱のオブジェクト。

VPythonのプログラムを書いてみよう

4.2.11 | ラベル：label

シーンの中に文字列を書き込むには**label**を使います。たとえば、アニメーションの中に描いた座標軸に、軸ラベルを追加することができます。

---
label

label(属性1, 属性2, ・・・)

(表4.12) labelの属性とデフォルト値。

属性	意味	デフォルト値
pos	中心の位置	vector(0, 0, 0)
text	テキスト	なし
color	テキストの色	color.white
box	テキストを囲む箱	True
height	テキストの高さ	15
font	フォントの種類	sans

指定できる属性とデフォルト値を、表4.12に示します。テキストの色のデフォルト値は白（color.white）です。box属性は、テキストを囲む箱の表示の有無を指定します。もし箱を表示したくないのであれば、Falseを指定します。テキストのフォントの種類は、sansとmonospaceの2種類が用意されていますが、デフォルトではsansが設定されています。また、HTML記法も使うことができます（104ページ）。例4.20のプログラムの実行結果を、図4.30に示します。

例4.20

```
001  from vpython import *
002  scene = canvas()
003  label(text = "VPython", color = color.yellow, box = False,
004       height = 45, font = 'monospace')
```

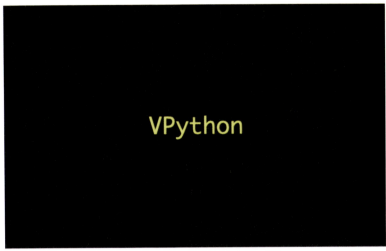

図4.30　ラベルのオブジェクト。

4.2.12 リング：ring

リングを描くためには **ring** を使います。

```
ring
ring(属性1, 属性2, …)
```

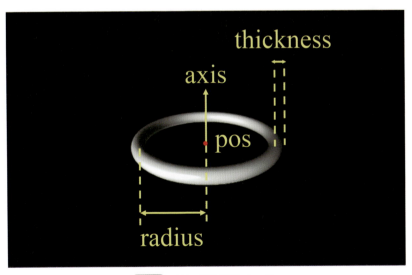

図4.31　リングのパラメータ。

VPythonのプログラムを書いてみよう

表4.13 ringの属性とデフォルト値。

属性	意味	デフォルト値
pos	中心の位置	vector(0, 0, 0)
axis	中心軸の方向	vector(1, 0, 0)
color	色	color.white
radius	リングの中心からリングの断面の中心までの距離	1
thickness	リングの断面の半径	radiusの1/10

指定できる属性とデフォルト値を、表4.13に示します。radius属性は、リングの中心からリングの断面の中心までの距離を表すパラメータです（図4.31）。thickness属性は、リングの断面の半径を表していますので、リングの内径と外径はそれぞれ、radius属性とthickness属性に指定した値の差と和に等しくなります。例4.21のプログラムの実行結果を、図4.32に示します。

例4.21

```
001  from vpython import *
002  scene = canvas(forward = vector(-0.4, 0, -0.9))
003  ring(color = color.red)
```

図4.32 リングのオブジェクト。

4.2.13　3Dモデルを描いてみよう

これまでに学んだオブジェクトを組み合わせて、少し複雑な3Dモデルを描いてみましょう。

雪だるまを描く

まずはオブジェクトを組み合わせて、図4.33のような雪だるまを描いてみましょう。他のオブジェクトを追加するなどして自分なりの装飾を施し、オリジナルの雪だるまを描いてみてください。

例4.22

```
from vpython import *
scene = canvas(x = 0, y = 0, width = 600, height = 600, range = 8)
scene.up = vector(0, 0, 1)
scene.forward = vector(0.3, -1, -0.5)
sphere(pos = vector(0, 0, 2), radius = 2, color = color.white)  # 頭
sphere(pos = vector(0, 0, -2), radius = 3, color = color.white) # 体
sphere(pos = vector(0, 2, 2), radius = 0.3, color = color.red)  # 鼻
sphere(pos = vector(1., 1.7, 2.5), radius = 0.2, color = color.black)  # 右目
sphere(pos = vector(-1., 1.7, 2.5), radius = 0.2, color = color.black) # 左目
cone(pos = vector(0,0,3), axis = vector(0, 0, 1), length = 3, radius = 1.3,
     color = color.blue) # 帽子
cylinder(pos = vector(0, 0, -2.5), axis = vector(-1, 0, 1.2), length = 6,
         radius = 0.15, texture = textures.wood) # 腕
cylinder(pos = vector(0, 0, -2.5), axis = vector(1, 0, 1.2), length = 6,
         radius = 0.15, texture = textures.wood) # 腕
ring(pos = vector(0, 0, 0.6), axis = vector(0, 0, 1), radius = 1.6,
     color = color.red, thickness = 0.5) # マフラー
box(pos = vector(-1, 1.9, 0), axis = vector(1, -1, -1.5), up = vector(1, 1, 0.),
    length = 0.3, height = 1.1, width = 1.5, color = color.red) # マフラー
```

図4.33　3次元オブジェクトを組み合わせて作った雪だるま。

VPythonのプログラムを書いてみよう

単純立方格子

図4.34のような単純立方格子を描いてみましょう。描いたらマウスドラッグでカメラの方向を変えて、いろいろな方向から見てみましょう。ズームインして、格子の中から原子の配置を見ることも可能です。

例4.23

```
001  from vpython import *
002  canvas(forward = vector(-0.5, -0.6, -1), range = 10)
003
004  L = 4
005
006  for i in range(-L, L + 1):
007      for j in range(-L, L + 1):
008          for k in range(-L, L + 1):
009              sphere(pos = vector(i, j, k), radius = 0.5)
```

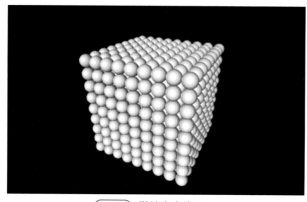

図4.34　単純立方格子。

面心立方格子を描く

今度は図4.35のような面心立方格子を描いてみましょう[*7]。

このプログラムでは、最初に粒子数Nと数密度ndens（単位体積あたりの粒子数）を指定し、格子定数aを

$$a = \left(\frac{4}{\text{ndens}}\right)^{1/3} \tag{4.4}$$

で計算します。

[*7] ここで紹介するプログラムは、文献[6]のサンプルプログラムをPythonに翻訳したものです。

オブジェクトを描いてみよう **4.2**

　格子の辺の長さLは、格子定数aのQ倍で指定します。粒子の半径は、描画した際に見やすくなるように、格子定数の1/10程度に指定しておきます。

　なお、このプログラムでは、最初に設定したＮの値と最終的な全粒子数は異なるので、注意が必要です。

例4.24

```
from vpython import *
scene = canvas(forward = vector(-0.5, -0.5, -1))
N = 32 # 粒子数。最終的な粒子数とは異なる
ndens = 2.0 # 数密度
face = 4

a = (4.0/ndens)**(1.0/3.0) # 格子定数
Q = int((float(N)/4.0)**(1.0/3.0) ) # 辺の長さ/格子定数
L = a * float(Q) # 辺の長さ
R = 0.1 * a # 粒子の半径

print('a=', a, 'Q=', Q, 'L=', L, 'R=', R)
k = 0

for iface in range(1, face + 1): # 1 to 4
    if (iface == 1):
        rx0 = 0.0001
        ry0 = 0.0001
        rz0 = 0.0001
    elif (iface == 2):
        rx0 = a / 2.0
        ry0 = a / 2.0
        rz0 = 0.0001
    elif (iface == 3):
        rx0 = a / 2.0
        ry0 = 0.0001
        rz0 = a / 2.0
    elif (iface == 4):
        rx0 = 0.0001
        ry0 = a / 2.0
        rz0 = a / 2.0

    for iz in range(Q): # 0 to Q-1
        rzi = float(iz) * a + rz0
        if (rzi >= L):
            break
        for iy in range(Q):
```

VPythonのプログラムを書いてみよう

```
038             ryi = float(iy) * a + ry0
039             if (ryi >= L):
040                 break
041             for ix in range(Q):
042                 rxi = float(ix) * a + rx0
043                 if (rxi >= L):
044                     break
045                 if (iface == 1):
046                     sphere(pos = vector(rxi, ryi, rzi), radius = R,
047                         color = color.red)
048                 if (iface == 2):
049                     sphere(pos = vector(rxi, ryi, rzi), radius = R,
050                         color = color.white)
051                 if (iface == 3):
052                     sphere(pos = vector(rxi, ryi, rzi), radius = R,
053                         color = color.white)
054                 if (iface == 4):
055                     sphere(pos = vector(rxi, ryi, rzi), radius = R,
056                         color = color.white)
057
058                 k = k + 1
059
060     N = k
061 print('粒子数=', N)
```

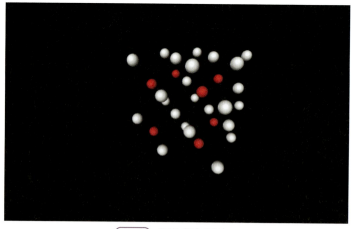

図4.35 面心立方格子。

単位格子の頂点に位置する粒子を赤で表示し、面に位置する粒子を白で示しました。マウスドラッグで視点を変え、面心立方格子が表示されていることを確かめてみてください。

4.2.14 光源について

シーン内に設定できる光源には、以下の2種類があります。

- シーン全体を遠くから照らす**照明**（distant light）
- シーンの一部を照らす**点光源**（local light）

「照明」も「点光源」もシーンには表示されませんが、前者は遠くからシーン全体を照らし、後者は電球のようにシーンの一部を照らします。

照明について

照明は**distant_light**で設定します。

```
distant_light
distant_light(direction = vector(x, y, z), color = 色の種類)
```

distant_lightでは、direction属性で照明の位置（照明の当たる方向でないことに注意）、color属性で照明の色を定義します。シーンには、デフォルトで次の2つの照明が設置されています（図4.36）。

```
distant_light(direction = vector(0.22, 0.44, 0.88), color = color.gray(0.8))
distant_light(direction = vector(-0.88, -0.22, -0.44), color = color.gray(0.3))
```

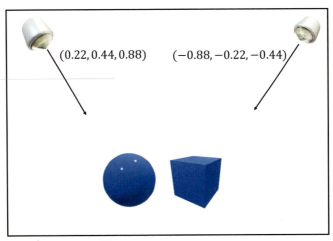

図4.36 デフォルトの照明の位置。

VPythonのプログラムを書いてみよう

　実際にプログラムを書いて、照明がオブジェクトを照らす様子を見てみましょう。例4.25のプログラム[*8]は、デフォルトの照明に照らされる板を表示します（図4.37）。

例4.25

001	`from vpython import *`
002	`scene = canvas(range = 8)`
003	`scene.forward = vector(0, -0.3, -1)`
004	`box(pos = vector(0, 0, 0), length = 10, height = 1, width = 10,`
005	`    axis = vector(1,0,0))`

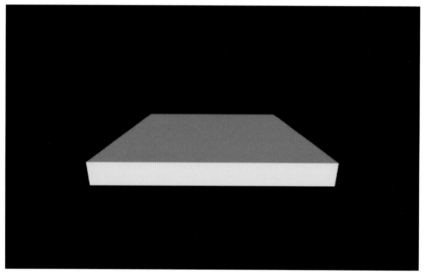

（図4.37）デフォルトの照明で照らされた板。

　シーン全体の照明をオフにしてみましょう。例4.26の4行目のようにscene.lightsを空のリストで定義すると、全ての照明を消すことができます（図4.38）。

例4.26

001	`from vpython import *`
002	`scene = canvas(range = 8)`
003	`scene.forward = vector(0, -0.3, -1)`
004	`scene.lights = [] # 照明をオフにする`
005	`box(pos = vector(0, 0, 0), length = 10, height = 1, width = 10,`
006	`    axis = vector(1,0,0))`

[*8] 例4.25～4.29のサンプルプログラムの、canvas属性の指定の仕方については、148ページのコラムを参照してください。

(図4.38) 照明をオフにしたとき。

　照明の方向や数を自分で決めたいときには、照明を一旦全てオフにしてから、照明を定義します。例4.27のプログラムでは、位置$(0, 1, 0)$に照明を1つだけ設置しています（図4.39）。

例4.27

```
001  from vpython import *
002  scene = canvas(range = 8)
003  scene.forward = vector(0, -0.3, -1)
004  scene.lights = [] # 照明をオフにする
005  distant_light(direction = vector(0, 1, 0),
006                color = color.gray(0.8)) # 照明を1つ設置
007  box(pos = vector(0, 0, 0), length = 10, height = 1, width = 10,
008      axis = vector(1,0,0))
```

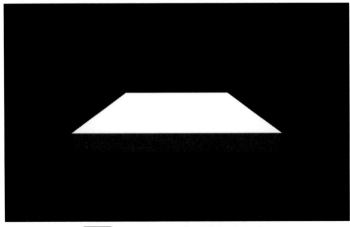

(図4.39) 照明を1つだけ設置したとき。

点光源について

点光源を設置するには、local_lightで点光源の位置を定義します。

> **local_light**
>
> local_light(pos = 点光源の位置, color = 点光源の色)

　点光源の位置はvector（150ページ）を用いて指定します。また、色の指定の仕方は照明と一緒です。

　点光源は、照明と同様にオブジェクトを照らす働きをしますが、点光源そのものは表示されません。もし点光源もシーン内に表示したいのであれば、点光源の位置に球体や箱を表示します。例4.28のプログラムでは、シーンの照明をオフにし、黄色い点光源を設置します。

例4.28

```
001  from vpython import *
002  scene = canvas(range = 8)
003  scene.forward = vector(0, -0.3, -1)
004  scene.lights = [] # 照明をオフにする
005  lamp = local_light(pos = vector(0, 3, 0), color = color.yellow) # 黄色い点光源
006  box(pos = vector(0, 0, 0), length = 10, height = 1, width = 10,
007      axis = vector(1, 0, 0))
```

　プログラムを実行すると、点光源に照らされた板が表示されますが、点光源自体はどこにあるかがわかりません（図4.40）。

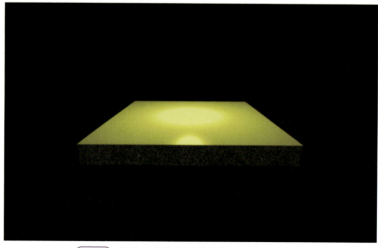

図4.40　黄色い点光源が位置(0, 3, 0)にある。

例 4.29 のプログラムのように点光源の位置に球体を置くと、だいぶ点光源らしくなります（図 4.41）。7 行目のように、球体は emissive 属性を True にすると発光体になります（デフォルトでは False になっています）。

例4.29

```
from vpython import *
scene = canvas(range = 8)
scene.forward = vector(0, -0.3, -1)
scene.lights = []  # 照明をオフにする
lamp = local_light(pos = vector(0, 3, 0),color = color.yellow) # 黄色い点光源
sphere(pos = vector(0, 3, 0), color = color.yellow,
       emissive = True) # 点光源の位置に光る球体を置く
box(pos = vector(0, 0, 0), length = 10, height = 1, width = 10,
    axis = vector(1, 0, 0))
```

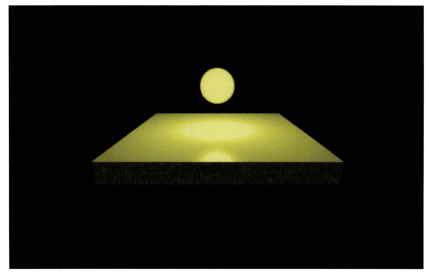

図4.41　点光源の位置に光る球体を置いたところ。

4.2.15　ウィジェットの設置

ホームページ上のアンケート等に答える際に、"はい"や"いいえ"の項目にチェックを入れたり、"送信"ボタンを押して回答を送信したりすることがあります。VPython のプログラムでもこのようなウィジェットを設置し、プログラムの動作を変更することができます。ここでは、よく使われる「ボタン」と「メニュー」の設置方法について解説します。

VPythonのプログラムを書いてみよう

```
def Func():  # 動作を定義する関数
    ........
    ........



........
........

button(bind=func,…)
```

図4.42 ウィジェットを配置するプログラムの「型」。

　ウィジェットを設置するプログラムの「型」は、図4.42の通りです。まずウィジェットを操作したときの動作を、関数（Funcとしました）として定義しておきます。そして、後に続くメインプログラムの中でウィジェットに対応するオブジェクト（ボタンならbutton）を呼び出し、bind属性に動作を定義した関数を指定します。

ボタン

　ボタンを設置するためには**button**を使います。

> **button**
> button(属性 = 値, ...)

表4.14 buttonの属性。

属性	指定できること
pos	ボタンの設置場所
text	ボタンに表示されるテキスト
color	ボタンに表示されるテキストの色
background	背景色
bind	動作を定義した関数

　buttonで設定できる属性を表4.14にまとめます。なお、posに設定できる値としては、scene.title_anchor（シーンの上）、scene.caption_anchor（シーンの下）があります。
　例として、球体の色をボタンで変化させるプログラムを書いてみましょう。「赤」というボタンを押すと球体が赤くなり、「白」というボタンを押すと球体が白くなるプログラム（例4.30）を書いてみます。

144

例4.30

```
001  from vpython import *
002  ball = sphere()
003  col = color.white
004  
005  def Color(c):
006      global col
007      if col == color.white:
008          ball.color = color.red
009          col = color.red
010          c.text = "白"
011      else:
012          ball.color = color.white
013          col = color.white
014          c.text = "赤"
015  
016  button(text = "赤", pos = scene.caption_anchor, bind = Color)
```

　ボールのデフォルトの色（color.white）を、一旦グローバル変数 col に代入しておきます（3 行目）。関数 Color では、もし球体の色が白なら色（ball.color）を赤にし、さらに col の値も赤（color.red）に変更します。また、ボタンに表示するテキスト（c.text）は「白」にします。球体の色が赤ならその逆の操作を行い、球体の色を白に変更します。

　最後の button では、ボタンに最初に表示されるテキストを「赤」とし、シーンの下（scene.caption_anchor）にボタンを設置しました。また、ボタンを押したときの動作を定義した Color 関数を、bind 属性に指定しています。

 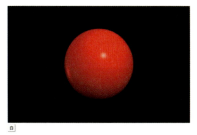

図4.43　（左）ボタンを押す前。（右）ボタンを押した後。
球体の色が赤くなり、ボタンのテキストも「白」に変化している。

　プログラムを実行すると、図 4.43 の左の図が表示されます。ボタンを押すと球体の色が変化し、ボタンのテキストも変化します。

VPythonのプログラムを書いてみよう

メニュー

メニューを設置するためには**menu**を使います。

---
menu

menu(属性 = 値, ...)

表4.15 menuの属性。

属性	指定できること
pos	メニューの設置場所
choises	メニューに表示する要素
selected	選択された要素
index	デフォルトで表示される要素の番号
bind	動作を定義した関数

　menuで設定できる属性を表4.15にまとめます。posに設定できる値は、buttonと一緒です。今度はメニューから色を選んで、球体の色を変化させるプログラムを書いてみましょう。

例4.31

```
001  from vpython import *
002  ball = sphere()
003  col = color.white
004  ball.color = col
005  def M(m):
006      global col
007      val = m.selected
008      if val == "赤":
009          ball.color = color.red
010          col = color.red
011      elif val == "青":
012          ball.color = color.blue
013          col = color.blue
014      elif val == "黄":
015          ball.color = color.yellow
016          col = color.yellow
017      elif val == "白":
018          ball.color = color.white
019          col = color.white
020
021  menu(choices = ['色を選ぶ', '赤', '青', '黄', '白'], index = 0, bind = M)
```

146

このプログラムでは、メニューから要素を選んだときの動作を関数Mで定義しています。menuで選ばれた値（m.selected）を変数valに代入し、valの値（'赤'、'青'、'黄'、'白'）によって動作を場合分けしています。21行目のmenuでは、メニューに表示する要素を、choises属性にリスト型で指定します。ここで指定した要素は、メニューの上から順番に並んで表示されます。また、indexを0に指定しているので、最初に表示される要素は、リストの先頭の「色を選ぶ」となります。

図4.44 左下のメニューから色を選ぶことができる。

プログラムを実行すると、シーンの左下にメニューが表示されます（図4.44）。メニューの中から色を選び、球体の色が変化することを確認してください。

VPythonのプログラムを書いてみよう

COLUMN │ VPythonの「命令」について

VPythonの中身や、VPython特有の「命令」の正体について興味を持たれた方のために、ここで少し補足をしておきます。

VPythonは、vpython.pyを中心とする複数のモジュールと、それらに付随するファイルから構成されています。vpython.pyには、この章で紹介したgraphやcanvas、またarrowなどのオブジェクトが、クラスとして定義されています。プログラムの冒頭に「from vpython import *」という命令を書くことで、それら全てのクラスや、VPython特有の関数を使えるようになる、というわけです。

4.2.14項のプログラムでは、canvasの属性を設定するときに、以下のような書き方をしました。

```
scene = canvas(range = 8)
scene.forward = vector(0, -0.5, -1)
```

本来ならforwardはcanvasの属性なので、canvasの中で指定するのでは？と思われるかもしれません。しかし、先述したように、canvasはクラスとしてvpython.pyの中で定義されています。すなわち、canvasが生成したインスタンスにsceneという変数名をつけ、次の行でforward属性を指定するという書き方になっています。

本書ではクラスに関する説明を全面的に省きましたので、graphやcanvasのことを「命令」と表現しましたが、その実態はクラスであることにご注意ください。

第 **5** 章

物理シミュレーションの 基礎

この章では、物理シミュレーションに必要な基本事項として、

ベクトルの計算を実行する方法を学びましょう。

続いて微分方程式の数値計算法や、計算結果を

グラフやアニメーションで可視化する方法を学びます。

SECTION 5.1 ベクトルの計算

VPythonでは、**vector**を用いて3次元ベクトルを定義します[*1]。

> **vector**
>
> vector(x成分, y成分, z成分)

たとえば、ベクトル$\boldsymbol{x}$[*2] $= (1, 2, 3)$を定義するには、

```
x = vector(1, 2, 3)
```

と書きます。

ベクトル同士を足したり引いたりしたいときは、ベクトル演算の式をそのまま書けばよく、ベクトルを定数倍するときも、定数をベクトルに掛けるだけです。

例題

次の計算を実行しなさい。ただし、$\boldsymbol{v}_1 = (1, 2, 3)$、$\boldsymbol{v}_2 = (4, 5, 6)$である。

(i) $\boldsymbol{v}_1 + \boldsymbol{v}_2$, (ii) $\boldsymbol{v}_1 - \boldsymbol{v}_2$,(iii) $2\boldsymbol{v}_2$

例5.1

```
001  from vpython import *
002  v1 = vector(1, 2, 3)
003  v2 = vector(4, 5, 6)
004  print(v1 + v2)
005  print(v1 - v2)
006  print(2 * v2)
```

[*1]VPython7におけるベクトルの扱いに関しては、https://www.glowscript.org/docs/VPythonDocs/vector.html に詳細がまとめられています。ここでは、その中から本書で使用頻度が高い項目のみに絞って説明します。

[*2]高校生の読者へ：太字のアルファベットはベクトルを表します。$\boldsymbol{x}$は$\vec{x}$と同じ意味です。

（実行結果）
```
<5, 7, 9>
<-3, -3, -3>
<8, 10, 12>
```

　例5.1では、2、3行目でベクトル$\boldsymbol{v}_1 = (1, 2, 3)$、$\boldsymbol{v}_2 = (4, 5, 6)$をそれぞれ定義し、4、5、6行目でそれぞれ足し算、引き算、定数倍の計算をしています。

　ベクトルの各成分を取り出すには、ベクトルを定義した変数のあとにドットをつけて、取り出したい成分を書きます。たとえば、ベクトル$\boldsymbol{v}_1$のx、y成分を取り出したいなら、それぞれv1.x、v1.yと書けばいいことになります。例5.1のプログラムの次のセルに、次のプログラムを打ち込んで実行してみましょう。

例5.1の続き
```
001  print(v1.x)
002  print(v1.y)
003  print(v1.z)
```

（実行結果）
```
1.0
2.0
3.0
```

5.1.1 ベクトルの長さ

　ベクトル$\boldsymbol{v}_1$の長さを求めるには、

```
sqrt(v1.x**2 + v1.y**2 + v1.z**2)
```

としてもいいのですが、

```
v1.mag  または  mag(v1)
```

と書いても同じ結果が得られます。また、長さの2乗は、

```
v1.mag2  または  mag2(v1)
```

と書くと得られます。

物理シミュレーションの基礎

例題

ベクトル $\boldsymbol{v}_1 = (1, 2, 3)$ の長さと、長さの2乗を計算しなさい。

それぞれ2通りの方法で計算してみましょう。

例5.2

```
001  from vpython import *
002  v1 = vector(1, 2, 3)
003  print(sqrt(v1.x**2 + v1.y**2 + v1.z**2))    # ベクトルの大きさ
004  print(v1.mag)                                # ベクトルの大きさ
005  print(v1.x**2 + v1.y**2 + v1.z**2)           # ベクトルの大きさの2乗
006  print(v1.mag2)                               # ベクトルの大きさの2乗
```

（実行結果）
```
3.7416573867739413
3.7416573867739413
14.0
14.0
```

5.1.2 単位ベクトル

ベクトル $\boldsymbol{v}$ と同じ方向の単位ベクトルは、

```
norm(v)  または  v.norm()
```

と書けば得られます。もしくは、

```
hat(v)  または  v.hat
```

と書いても同様の結果を得ることができます。

5.1.3 ベクトルの内積と外積

2つのベクトル $\boldsymbol{v}_1, \boldsymbol{v}_2$ の内積（スカラー積） $\boldsymbol{v}_1 \cdot \boldsymbol{v}_2$ は、定義通りに

```
v1.x * v2.x + v1.y * v2.y + v1.z * v2.z
```

152

と書いても得られますが、

```
dot(v1, v2)
```

と書くと同じ結果が得られます。また、外積（ベクトル積）$v_1 \times v_2$は、

```
cross(v1, v2) または v1.cross(v2)
```

と書けば得られます。

例題

$a = (4, -3, 1)$, $b = (-1, 1, 4)$, aとbのなす角をθとするとき、次の量をそれぞれ計算しなさい。

（ i ）$a + b$,（ii）$a - b$,（iii）$a \cdot b$,（iv）$\cos\theta$,（ v ）$a \times b$

例5.3

```
001  from vpython import *
002  a = vector(4, -3, 1)
003  b = vector(-1, 1, 4)
004  print('a + b =', a + b)
005  print('a - b =', a - b)
006  print('内積 =', dot(a, b))
007  print('余弦 =', dot(a, b)/a.mag/b.mag)
008  print('ベクトル積 =', cross(a, b))
```

```
（実行結果）
a + b = <3, -2, 5>
a - b = <5, -4, -3>
内積 = -3.0
余弦 = -0.13867504905630731
ベクトル積 = <-13, -17, 1>
```

物理シミュレーションの基礎

5.1.4 | その他の命令

これまでに紹介した命令以外にも、ベクトルの演算に関する様々な命令があります。表5.1にそれらの命令と、それぞれの意味について簡単にまとめておきます。

表5.1 ベクトル演算の命令。

VPythonの命令	意味
diff_angle(A, B) または A.diff_angle(B)	ベクトルABの間の角度（ラジアン単位）
proj(A, B) または A.proj(B)	ベクトルAのベクトルBへのベクトル射影
comp(A, B)	ベクトルAのベクトルBへのスカラー射影
A.equals(B)	AとBが同一のベクトルなら"True"を返す
vector.random()	-1から1までの成分を持つベクトルをランダムに返す

COLUMN | 行列の計算について

この節ではベクトルの計算について紹介しましたが、VPythonを用いたプログラムで行列の計算を実行することも可能です[7]。しかし行列の計算には、NumPyをPythonプログラムで読み込んで計算するのが便利です。NumPyを用いた行列計算に興味のある方は、文献[8]や 文献[9]等を参照してください。

SECTION 5.2 オイラー法による微分方程式の数値解法

ここでは様々な物理の問題を解くための基本となる、常微分方程式の数値解法について学びましょう。常微分方程式の数値解法については様々な計算方法がありますが、まずは最も理解しやすいオイラー法について学びます。

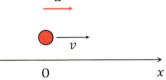

図5.1　x軸上を一定の加速度aで運動している質点。

例として、1次元の等加速度運動の問題から始めましょう。x軸上を、一定の加速度aで運動している質点を考えます（図5.1）。時間をtで表すと、この質点の運動方程式は、

$$\frac{d^2x}{dt^2} = a \tag{5.1}$$

と書くことができます。式（5.1）は時間に関する二階微分方程式ですが、速度vを導入して、2本の一階微分方程式で書くこともできます：

$$\frac{dx}{dt} = v, \tag{5.2}$$

$$\frac{dv}{dt} = a. \tag{5.3}$$

時間幅をhとすると、式（5.2）の左辺は微分の定義より、

$$\frac{dx}{dt} = \lim_{h \to 0} \frac{x(t+h) - x(t)}{h} \tag{5.4}$$

と書くことができます。この式には「極限を取る」という操作が入っていますが、コンピュータには極限を取るという操作はできないので、なんらかの近似を施す必要があります。そこで時間幅hを微小な値に設定し、

$$\frac{dx}{dt} \simeq \frac{x(t+h) - x(t)}{h} \tag{5.5}$$

と近似することにしましょう。この近似のことを**差分近似**[*3]といいます。

[*3] 正式には前進差分近似といいます。

物理シミュレーションの基礎

差分近似により式（5.2）と（5.3）は、

$$\frac{x(t+h) - x(t)}{h} \simeq v, \tag{5.6}$$

$$\frac{v(t+h) - v(t)}{h} \simeq a. \tag{5.7}$$

と書けます。近似なので左辺と右辺を「＝」で結ぶことはできないのですが、h は微小な値なので、思い切って「＝」で結んでしまいましょう。すると、式（5.6）、（5.7）は次のように書き直すことができます（**差分方程式**）：

$$x(t+h) = x(t) + v(t)h, \tag{5.8}$$

$$v(t+h) = v(t) + ah. \tag{5.9}$$

式（5.8）、（5.9）より、時刻 t の質点の位置 $x(t)$ と速度 $v(t)$ がわかれば、次の時刻 $t+h$ の質点の位置 $x(t+h)$ と速度 $v(t+h)$ を求めることができます。この手続きを、時刻 $t=0$ の状態（初期状態）からを延々と繰り返せば、ボールの位置や速度の時間変化を数値的に得ることができるというわけです。式（5.8）、（5.9）を用いた微分方程式の解き方を**オイラー法**といいます。

> **例題**
>
> 地面にある質量 m[kg] のボールを、鉛直上向きに初期速度 $v_0 = 10$m/s で発射する（図5.2）。発射する時刻を $t=0$s として、ボールの高さと速度の時間変化をグラフに表示するプログラムを書きなさい。また、ボールが再び地面に戻ってくるのは何秒後かを調べなさい。ボールは質点とみなし、空気抵抗は考えないものとする。

高さ方向を y 軸に取り、地面を $y=0$m としましょう（図5.2）。鉛直上向き方向を力の正の方向に取れば、ボールの運動方程式は

$$m\frac{d^2y}{dt^2} = -mg \tag{5.10}$$

と書くことができます。

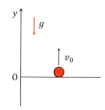

図5.2 ボールを鉛直上向きに発射する。

この運動方程式の解は、

$$y(t) = v_0 t - \frac{1}{2} g t^2 \qquad (5.11)$$

となり、$y(t) = 0$ とおくことで、ボールが再び地面に到達する時刻は

$$t = \frac{2v_0}{g} \qquad (5.12)$$

となることもわかります。もし初期速度を $v_0 = 10\mathrm{m/s}$、重力加速度を $g = 9.8\mathrm{m/s^2}$ とすれば、$t = 2.06\mathrm{s}$ にボールは再び地面に戻ってくることになります。

では、式（5.10）をオイラー法で解くプログラムを書いてみましょう。y 方向のボールの速度を v とし、式（5.10）を 2 つの一階微分方程式に書き直すと、

$$\frac{dy}{dt} = v, \qquad (5.13)$$

$$\frac{dv}{dt} = -g. \qquad (5.14)$$

となります。これらの微分方程式を差分方程式に直すと、それぞれ

$$y(t + h) = y(t) + v(t)h, \qquad (5.15)$$

$$v(t + h) = v(t) - gh. \qquad (5.16)$$

となります。この差分方程式をオイラー法で解くためのアルゴリズムは次の通りです。

オイラー法で解くためのアルゴリズム
---

1. グラフの準備
2. 計算に必要な定数の定義

時間幅の設定：h = 0.01
重力加速度：g = 9.8

3. 初期値の設定

y = 0.0, v = 10.0, t = 0.0

4. 位置と速度の時間発展（y >= 0 の間で計算を繰り返す）

(t, y) をグラフに表示
(t, v) をグラフに表示

```
y = y + v * h        // 位置の計算
v = v - g * h        // 速度の計算
t = t + h            // 時刻の計算
```

物理シミュレーションの基礎

---

5. 地面に戻ってくる時刻 t を画面に表示

4.の手続きでは、本来なら「発射されたボールの位置が、再び $y = 0$ になったら計算終了」としたいところですが、y の値がぴったり $y = 0$ になるという保証はないので、$y \geq 0$ を満たす間は計算を続けると読み替えることにします[*4]。このアルゴリズムをプログラムに翻訳すると、例5.4のようになります。

例5.4

```
001  from vpython import *
002  scene = canvas()
003
004  G1 = graph(width = 600, height = 400, xtitle = 't', ytitle = 'y(t)',
005          foreground = color.black, background = color.white)
006  G2 = graph(width = 600, height = 400, xtitle = 't', ytitle = 'v(t)',
007          foreground = color.black, background = color.white)
008
009  h = 0.01
010  g = 9.8
011
012  y = 0.0
013  v = 10.0
014  t = 0.0
015
016  f1 = gcurve(graph = G1, color = color.red)
017  f2 = gcurve(graph = G2, color = color.red)
018
019  while y >= 0.0:
020
021      f1.plot(t, y)
022      f2.plot(t, v)
023
024      y = y + v * h
025      v = v - g * h
026      t = t + h
027
028  print('地面に戻ってくる時刻： ', t, '秒')
```

[*4] 質点系や剛体の運動のシミュレーションにおいては、もっと厳密に衝突条件を考えることがありますが[10, 11]、ここでは単純さを優先することにします。

158

例5.4のプログラムを実行すると、2枚のグラフ（ボールの位置と速度の時間変化）が表示されます（図5.3）。また、計算が終了したときの時刻も表示するようにしました。地面にボールが再度到着する時刻が、理論値にほぼ等しくなることを確かめてください[*5]。

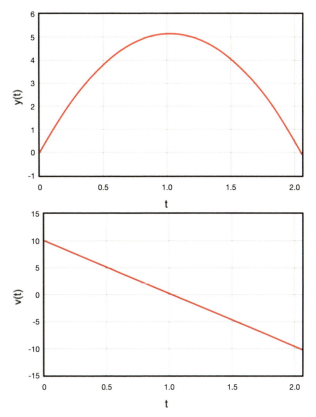

地面に戻ってくる時刻： 2.06 秒

図5.3　計算結果のグラフ。

[*5] ところで、計算終了後にyの値を確かめてみると負の値になっています。これは、最初にyの値が負になったあとで、while文の条件式に照らし合わせて、計算をやめているからです。

SECTION 5.3 ルンゲ・クッタ法による 一階微分方程式の数値解法

オイラー法は理解しやすく、いろいろな微分方程式を解くのに用いることができますが、科学技術研究における数値計算ではほとんど使われることはありません。なぜなら、より精度の高い微分方程式の数値解法が多く存在するので、そちらの方が優先して使われるためです。ここでは、より精度の高い数値解法の1つである、ルンゲ・クッタ法[*6]を紹介します。

まずは、一般的な一階微分方程式を考えましょう。

$$\frac{dx}{dt} = f(x, t) \tag{5.17}$$

$x(t)$から、$x(t+h)$（hは微小な時間幅）を求めるために、**ルンゲ・クッタ法**では、次の4つの量を順番に計算します。

$$a_1 = f(x, t), \tag{5.18}$$

$$a_2 = f\left(x + a_1\frac{h}{2}, t + \frac{h}{2}\right), \tag{5.19}$$

$$a_3 = f\left(x + a_2\frac{h}{2}, t + \frac{h}{2}\right), \tag{5.20}$$

$$a_4 = f(x + a_3 h, t + h). \tag{5.21}$$

これら、a_1からa_4の値を用いて、$x(t+h)$は次のように求められます。

$$x(t+h) = x(t) + (a_1 + 2a_2 + 2a_3 + a_4)\frac{h}{6} \tag{5.22}$$

この手続きを、初期値$x(0)$から繰り返していけば、$x(t)$の時間変化を数値的に得ることができるというわけです[*7]。

[*6] ここで紹介する方法は、正確には「4次のルンゲ・クッタ法」と呼ばれているものです。本書では簡単に「ルンゲ・クッタ法」と呼ぶことにします。

[*7] 次のサイトには、ルンゲ・クッタ法の直感的な理解の仕方が紹介されています。https://chemical-engineering-review.com/runge-kutta/

ルンゲ・クッタ法による一階微分方程式の数値解法 **5.3**

例題 ···

ある生物の個体数が、理想的な環境下において増加しているとする。時刻 $t = 0$ での個体数を1とし、時刻 t における個体数を $x(t)$ としたとき、その時間変化の最も簡単なモデルは、以下のようなものになる（マルサス増殖）。

$$\frac{dx}{dt} = x, \qquad (5.23)$$

$$x(0) = 1. \qquad (5.24)$$

これをルンゲ・クッタ法で解き、個体数 $x(t)$ の時間変化を表すグラフを描きなさい。

···

式（5.23）をルンゲ・クッタ法で解くプログラムは次の通りです。計算結果をグラフで表します。式（5.18）〜式（5.21）と見比べながら入力し、実行してみましょう。

例5.5

```
001   from vpython import *
002   scene = canvas()
003
004   G1 = graph(width = 600, height = 400, xtitle = 't', ytitle = 'x',
005             title = 't vs. x',
006             foreground = color.black, background = color.white)
007   h = 0.01 # 時間幅
008   x = 1.0; t = 0.01 # 初期値
009   n = 500  # 計算ステップ数
010
011   f1 = gcurve(graph = G1, color = color.red)
012
013   for i in arange(1, n):
014       f1.plot(pos = (t, x)) # グラフの表示
015
016       a1 = x
017       a2 = x + a1 * h / 2.0
018       a3 = x + a2 * h / 2.0
019       a4 = x + a3 * h
020
021       x = x + (a1 + 2 * a2 + 2 * a3 + a4) * h / 6
022
023       t = i * h  # 時刻の計算
```

物理シミュレーションの基礎

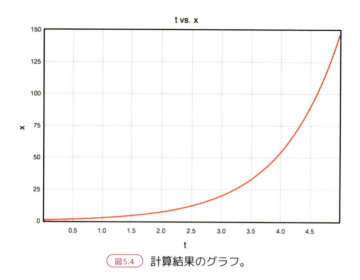

図5.4　計算結果のグラフ。

このプログラムでは時間幅を$h = 0.01$、計算回数を500回に設定しました。計算結果を図5.4に示します。なお、式（5.23）を式（5.24）の初期条件で解いた解析解は、$x(t) = \exp(t)$となり、図5.4の計算結果に一致します。

SECTION 5.4 ルンゲ・クッタ法による二階微分方程式の数値解法

次に、単振り子の問題を考えてみましょう。

例題

長さ30cmのひもにおもりをつけて振り子を作った（図5.5）。振り子の振れ角をθとするとき、θの時間変化をグラフに表しなさい。また、振り子の振れ角θと、おもりの角速度ωの関係を、グラフに表しなさい。空気抵抗は考えないものとする。

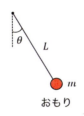

図5.5 単振り子の振動。

振り子の長さをLとすると、おもりの運動方程式は、

$$\frac{d^2\theta}{dt^2} = -\frac{g}{L}\sin\theta \qquad (5.25)$$

となり、振り子の振れ角θの、時間tに関する二階微分方程式になります[12]。この運動方程式は角速度$\omega \equiv d\theta/dt$を導入すれば、2つの一階微分方程式、

$$\frac{d\theta}{dt} = \omega, \qquad (5.26)$$

$$\frac{d\omega}{dt} = -\frac{g}{L}\sin\theta. \qquad (5.27)$$

に書き換えることができます。適当な初期条件の下で、この2つの一階微分方程式をルンゲ・クッタ法で解けば、任意の時刻における振り子の振れ角θと、おもりの角速度ωが得られることになります。

式（5.26）と式（5.27）を、一般的に

物理シミュレーションの基礎

$$\frac{d\theta}{dt} = f(\theta, \omega, t), \tag{5.28}$$

$$\frac{d\omega}{dt} = g(\theta, \omega, t). \tag{5.29}$$

と書けば、次の計算を繰り返すことで、θ と ω の時間変化を求めることができます。

$$a_1 = f(\theta, \omega, t), \tag{5.30}$$

$$b_1 = g(\theta, \omega, t), \tag{5.31}$$

$$a_2 = f\left(\theta + a_1\frac{h}{2}, \ \omega + b_1\frac{h}{2}, \ t + \frac{h}{2}\right), \tag{5.32}$$

$$b_2 = g\left(\theta + a_1\frac{h}{2}, \ \omega + b_1\frac{h}{2}, \ t + \frac{h}{2}\right), \tag{5.33}$$

$$a_3 = f\left(\theta + a_2\frac{h}{2}, \ \omega + b_2\frac{h}{2}, \ t + \frac{h}{2}\right), \tag{5.34}$$

$$b_3 = g\left(\theta + a_2\frac{h}{2}, \ \omega + b_2\frac{h}{2}, \ t + \frac{h}{2}\right), \tag{5.35}$$

$$a_4 = f(\theta + a_3h, \ \omega + b_3h, \ t + h), \tag{5.36}$$

$$b_4 = g(\theta + a_3h, \ \omega + b_3h, \ t + h), \tag{5.37}$$

$$\theta(t + h) = \theta(t) + (a_1 + 2a_2 + 2a_3 + a_4)\frac{h}{6}, \tag{5.38}$$

$$\omega(t + h) = \omega(t) + (b_1 + 2b_2 + 2b_3 + b_4)\frac{h}{6}. \tag{5.39}$$

これに基づいて、計算のアルゴリズムを書いてみましょう。計算結果として、θ の時間変化と、θ と ω の関係を表示することにします。

ルンゲ・クッタ法で解くためのアルゴリズム

1. グラフの設定
2. 計算に必要な定数の定義

時間幅の設定：h = 0.001	
最大計算ステップ：imax = 10000	
重力加速度： g = 9.8	
ひもの長さ： L = 0.3	

3. 定数の定義

k = g / L

ルンゲ・クッタ法による二階微分方程式の数値解法 **5.4**

4. 初期値の設定

```
theta = 0.01, omega = 0.0, t = 0.0
```

5. 時間発展ループ

```
i = 0, 1, ..., imax

a1 = omega
b1 = -k * sin(theta)

a2 = omega + b1 * h / 2.0
b2 = -k * sin(theta + a1 * h / 2.0)

a3 = omega + b2 * h / 2.0
b3 = -k * sin(theta + a2 * h / 2.0)

a4 = omega + b3 * h
b4 = -k * sin(theta + a3 * h)

theta = theta + (a1 + 2.0 * a2 + 2.0 * a3 + a4) * h / 6.0
omega = omega + (b1 + 2.0 * b2 + 2.0 * b3 + b4) * h / 6.0

(t, theta)を表示する
(theta, omega)をグラフに表示する

時刻の計算： t = h * i
```

このアルゴリズムに基づいたプログラムは、例 5.6 のようになります。このプログラムでは、時間幅を $h = 0.001$s、計算回数を 10000 回に設定しました。初期の振り子の振れ角を $\theta_0 = 0.01$ rad とし、初期の角速度を $\omega = 0$ rad/s として、おもりを微小振動させています。

例5.6

```
001  from vpython import *
002  scene = canvas()
003
004  G1 = graph(width = 600, height = 400, xtitle = 't', ytitle = 'theta',
005              title = 'おもりの位置',
006              foreground = color.black, background = color.white)
007  G2 = graph(width = 600, height = 400, xtitle = 'theta', ytitle = 'omega',
008              title = '位相軌道',
009              foreground = color.black, background = color.white)
010
```

物理シミュレーションの基礎

```
011   h = 0.001     # 時間幅
012   imax = 10000 # 最大時間ステップ
013   g = 9.8       # 重力加速度
014   L = 0.3       # 振り子の長さ
015   k = g / L
016
017   theta = 0.01 # 初期の振り子の角度
018   omega = 0.0  # 初期の角速度
019   t = 0.0
020
021   f1 = gcurve(graph = G1, color = color.red)
022   f2 = gcurve(graph = G2, color = color.red)
023
024   for i in arange(0, imax):
025
026       f1.plot(t, theta)
027       f2.plot(theta, omega)
028
029       a1 = omega
030       b1 = -k * sin(theta)
031
032       a2 = omega + b1 * h / 2.0
033       b2 = -k * sin(theta + a1 * h / 2.0)
034
035       a3 = omega + b2 * h / 2.0
036       b3 = -k * sin(theta + a2 * h / 2.0)
037
038       a4 = omega + b3 * h
039       b4 = -k * sin(theta + a3 * h)
040
041       theta = theta + (a1 + 2.0 * a2 + 2.0 * a3 + a4) * h / 6.0
042       omega = omega + (b1 + 2.0 * b2 + 2.0 * b3 + b4) * h / 6.0
043
044       t = h * i
```

5.4 ルンゲ・クッタ法による二階微分方程式の数値解法

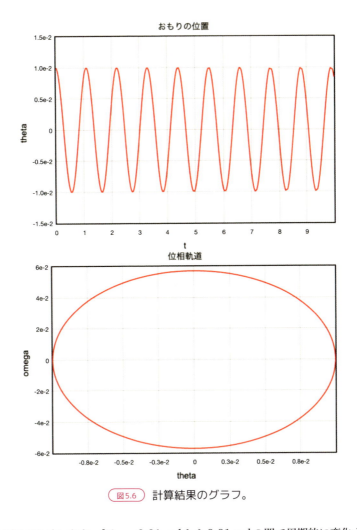

図5.6 計算結果のグラフ。

計算結果を図5.6に示します。θは、-0.01 radから0.01 radの間で周期的に変化することから、振り子が規則正しく振れていることがわかります。また、θとωの関係は、なめらかな楕円形になっています。θとωを軸とする空間を位相空間と呼び、現れた楕円形のことを位相軌道と呼びます。位相軌道が閉じていることから、おもりのエネルギーが保存されていることがわかります[13]。

やってみよう

θ_0の値を$0 < \theta_0 < \pi$の間で変化させ、θや位相軌道がどのように変化するかを調べてみましょう。

物理シミュレーションの基礎

関数を用いて、例5.6のプログラムをもう少し汎用性のある形に書き換えてみましょう。

例5.7

```
001  from vpython import *
002  scene = canvas()
003
004  def f(omega):
005      return omega
006
007  def g(theta, k):
008      return -k * sin(theta)
009
010  def rk4(theta, omega, f, g, h, h2):
011      a1 = f(omega)
012      b1 = g(theta, k)
013      a2 = f(omega + b1 * h2)
014      b2 = g(theta + a1 * h2, k)
015      a3 = f(omega + b2 * h2)
016      b3 = g(theta + a2 * h2, k)
017      a4 = f(omega + b3 * h)
018      b4 = g(theta + a3 * h, k)
019
020      theta = theta + (a1 + 2.0 * a2 + 2.0 * a3 + a4) * h / 6.0
021      omega = omega + (b1 + 2.0 * b2 + 2.0 * b3 + b4) * h / 6.0
022
023      return theta, omega
024
025  # メインプログラム
026  G1 = graph(width = 600, height = 400, xtitle = 't', ytitle = 'theta',
027          title = 'おもりの位置',
028          foreground = color.black, background = color.white)
029  G2 = graph(width = 600, height = 400, xtitle = 'theta', ytitle = 'omega',
030          title = '位相軌道',
031          foreground = color.black, background = color.white)
032
033  h = 0.001 # 時間幅
034  h2 = 0.5 * h
035  imax = 10000 # 最大ステップ数
036  gravity = 9.8 # 重力加速度
037  L = 0.3 # 振り子の長さ
038  k = gravity / L
039
```

168

ルンゲ・クッタ法による二階微分方程式の数値解法 **5.4**

```
040   theta = 0.01 # 振り子の初期角度
041   omega = 0.0 # 振り子の初期角速度
042   t = 0.0 # 初期時刻
043
044   f1 = gcurve(graph = G1, color = color.red)
045   f2 = gcurve(graph = G2, color = color.red)
046
047   f1.plot(pos = (t, theta))
048   f2.plot(pos = (theta, omega))
049
050   for i in arange(10, imax):
051
052       f1.plot(pos = (t, theta))
053       f2.plot(pos = (theta, omega))
054
055       theta, omega = rk4(theta, omega, f, g, h, h2)
056
057       t = h * i
```

例5.7のプログラムの構造は次のようになっています。

- 関数$f(\omega)$の定義
- 関数$g(\theta)$の定義
- ルンゲ・クッタ法（1ステップ）の関数
- メインプログラム
  - グラフの設定
  - パラメータの設定
  - 時間発展ループ

　プログラムをこのような形にしておけば、似たような二階微分方程式を解くときに役立ちます。最初の関数の定義を変更し、それに合わせてルンゲ・クッタ法（1ステップ）の関数の中身を少し書き換えれば、プログラムの再利用が可能になるというわけです。5.5.6項「単振り子のアニメーション」と、6.2節「二重振り子」で、例5.7のプログラムを利用しましょう。

SECTION 5.5 計算結果をアニメーションで可視化する方法

この節では、いよいよ計算結果をアニメーションで可視化する方法を解説します。

4.2節で学んだように、オブジェクトの位置は、pos属性で指定することができます。したがって、物体の運動方程式を数値的に解き、各時刻における物体の位置にオブジェクトを配置すれば、計算結果にしたがって物体が動いて見えるというわけです。

5.5.1 等速直線運動

まずは、簡単な1次元等速直線運動のアニメーションを作ってみましょう。一定の速度v_0で等速直線運動するボールの運動方程式は、

$$\frac{dv}{dt} = 0, \tag{5.40}$$

$$\frac{dx}{dt} = v_0. \tag{5.41}$$

となります。ここでボールの位置と速度をx、vとしました。これらの式をそれぞれ差分方程式で書くと、

$$v(t+h) = v(t), \tag{5.42}$$

$$x(t+h) = x(t) + v_0 h. \tag{5.43}$$

となります。微小な時間幅はhとしました。

問題設定

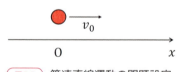

図5.7 等速直線運動の問題設定。

図5.7のように、ボールが運動する方向をx軸に取ります。ボールは時刻$t = 0$sのときに原点にあり、速さ$v_0 = 1$m/sで運動するとしましょう。時間幅は$h = 0.01$sとし、5秒間ボールを運動

計算結果をアニメーションで可視化する方法　**5.5**

させてみましょう。

アルゴリズム

アルゴリズムは以下の通りです。

1. シーンの設定
2. ボールの属性と初期条件の設定
3. 座標軸の描画
4. 時間発展ループ(t < 5):
　　 ボールの位置の時間発展

プログラム

例5.8

```
001  from vpython import *
002  scene = canvas(x = 0, y = 0, width = 400, height = 400, range = 10)
003
004  ball = sphere(radius = 1.0, color = color.red) # ボールの定義
005  ball.pos = vector(0.0, 0.0, 0.0)                # ボールの初期位置
006  ball.vel = vector(1.0, 0.0, 0.0)                # ボールの初期速度
007
008  # 座標軸の描画
009  CW = color.white
010  curve(pos = [vector(-8, -2, 0), vector(8, -2, 0)], color = CW)
011  label(pos = vector(8, -3, 0), text="x", color = CW, height = 20, box = False)
012  label(pos = vector(0, -3, 0), text="0", color = CW, height = 20, box = False)
013
014  h = 0.01 # 時間幅
015  t = 0.0
016
017  while t < 5: # 時間発展ループ
018      rate(200)
019      ball.pos = ball.pos + ball.vel * h
020      t = t + h
```

例5.8のプログラムの2行目は、4.2.2項で解説したシーンの属性を指定する命令です。4行目から6行目にかけて、sphereを用いてボールを定義しました。ball.posとball.vel[*8]はそれぞれ、

[*8]sphereには、本来"vel"という属性は存在しませんが、このプログラムのように、自分で新しく属性を追加することができます。

ボールの初期位置と初期速度を表しています。

9行目から12行目にかけては、座標軸と軸ラベルを表示するための命令を入れてあります。

18行目の**rate**関数は、アニメーションの速度を制御するための命令で、かっこの中には1秒間に表示するアニメーションのコマ数を指定します。したがって、かっこの中の値を大きくするほど、アニメーション速度は速くなります。

> **rate関数**
> rate(1秒間に表示するコマ数)

rate関数はアニメーションを表示する際には必ず書く必要がありますので、忘れずにループの中に書いておきましょう。

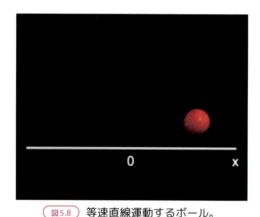

図5.8 等速直線運動するボール。

プログラムを実行すると、ボールが一定の速度で運動する様子が確認できます（図5.8）。

5.5.2 ボールの自由落下

今度は、自由落下のシミュレーションプログラムを書いてみましょう。自由落下は等加速度運動なので、ボールの位置rと速度vに関する運動方程式は、

$$\frac{d\boldsymbol{r}}{dt} = \boldsymbol{v}, \tag{5.44}$$

$$\frac{d\boldsymbol{v}}{dt} = \boldsymbol{g}. \tag{5.45}$$

と書くことができます。$\boldsymbol{g}$は重力加速度です。これらの式を差分方程式で書くと、

$$r(t+h) = r(t) + vh, \quad (5.46)$$
$$v(t+h) = v(t) + gh. \quad (5.47)$$

となります。

問題設定

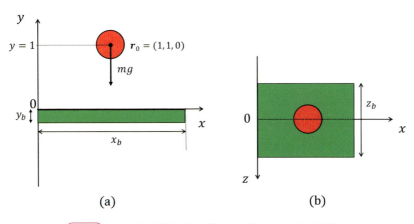

図5.9　（a）自由落下するボール。（b）上から見た図。

高さ方向を y 軸、地面に水平な方向を x 軸に取ります（図5.9（a））。4.2.1項（117ページ）で解説したように、VPythonでは（デフォルトで）xy 平面を正面に見るように、カメラが設置されています。したがって、1次元や2次元のシミュレーションでは、高さ方向を y 軸にとると都合がよいことになります。

図5.9（a）に示すように、ボールの初期位置を $r_0 = (1\text{m}, 1\text{m}, 0\text{m})$ にとります。地表面は $y = 0\text{m}$ の位置とし、$x_b = 2\text{m}$、$y_b = 0.1\text{m}$、$z_b = 1\text{m}$ の板で地面を表現しましょう（図5.9（a）、(b)）。

自由落下したボールが地面に衝突したら、ボールの速度を反転させ、反対方向に跳ね返るようにしましょう。地表面は $y = 0$ の位置にありますので、ボールの y 座標がボールの半径を下回ったら、次の式でボールの速度を変更します：

$$v' = -v \quad (5.48)$$

v' は反発速度を表しています。すなわち、式（5.48）は、ボールが地面に対し完全弾性衝突することを表しています。

物理シミュレーションの基礎

アルゴリズム

アルゴリズムは以下の通りです。

1. シーンの設定
2. ボールの属性と初期条件の設定
3. 座標軸の描画
4. 地面の描画
5. 時間発展ループ(t < 5):
   ボールの位置の時間発展
   ボールの速度の時間発展
   地面との接触判定

プログラム

例5.9

```
001  from vpython import *
002  scene = canvas(center = vector(1.0, 1.0, 0.0), width = 400,
003                  height = 400, range = 2)
004
005  # ボールの属性と初期条件
006  rd = 0.05 # ボールの半径
007  ball = sphere(radius = rd, color = color.red)
008  ball.pos = vector(1.0, 1.0, 0.0)        # ボールの初期位置
009  ball.vel = vector(0.0, 0.0, 0.0)        # ボールの初期速度
010  ball.accel = vector(0, -9.8, 0.0)       # ボールの加速度
011
012  # 座標軸
013  CW = color.white
014  curve(pos = [(0, 1.5, 0), (0, -0.2, 0)], color = CW)
015  label(pos = vector(-0.3, 1.5, 0), text = "y", color = CW, height = 20,
016        box = False)
017  label(pos = vector(-0.3, 0, 0), text = "0", color = CW, height = 20,
018        box = False)
019
020  # 地面
021  xb = 2
022  yb = 0.1
023  zb = 1
024
025  ground = box(pos = vector(1.0, 0, -0.2), length = xb, width = zb,
026                  height = yb, color = color.green)
```

174

```
027
028     # 計算に必要な定数
029     h = 0.01
030     t = 0.0
031
032     # 時間発展ループ
033     while t < 15:
034         rate(100)
035         ball.pos = ball.pos + ball.vel * h
036         ball.vel = ball.vel + ball.accel * h
037         if ball.pos.y < rd:
038             ball.vel = - ball.vel
039         t = t + h
```

例5.9のプログラムの2行目から3行目では、400×400ピクセルのシーンを定義し、シーンの中央が座標$(1, 1, 0)$になるように、center属性を設定しました（4.2.2項）。またrange属性で描画する範囲を設定します。このプログラムでは「range = 2」としたので、x, y座標共に、シーン中心から±2の範囲を描画するように設定してあります。

6行目から10行目では、まずボールの属性を定義しました。ボールは半径5cmの球とし、速度と加速度をそれぞれball.vel、ball.accel[*9]としました。

13行目から18行目では、ボールの位置がわかりやすくなるように、curve関数を使って座標軸を描き、label関数を使って軸のラベルを書きました。label関数のbox属性はFalseに設定し、文字の周りに枠が表示されないようにしています。

また、ボールの位置と速度を時間発展させるために、ルンゲ・クッタ法を用いました。

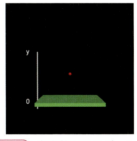

図5.10　自由落下するボール。

プログラムを実行すると、ボールが自由落下する様子が見られます（図5.10）。ボールは$t < 15$sの間、何度か地面で跳ねた後静止します。

[*9] accelも新しく追加した属性です（171ページの脚注を参照）。

> **ちょっとコメント**
>
> 例5.9のプログラムを長時間走らせると、バウンドするたびにボールの高さが徐々に高くなることがあります。これは、計算にオイラー法を用いているためです。ルンゲ・クッタ法を用いて計算すると、バウンドした後のボールの高さはもとの高さに戻ります。第5章では、微分方程式の数値解法とその可視化のプログラムの書き方に慣れるため、「振り子の運動」以外のプログラムでは、オイラー法を用いてサンプルプログラムを書きました。その結果、「物理的にありえないシミュレーション」になることがありますが、精度が気になったらルンゲ・クッタ法を用いて、プログラムを書き直してみてください。

5.5.3 2次元の放物運動

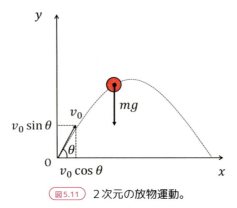

図5.11 2次元の放物運動。

次に、2次元放物運動の問題を考えてみましょう。ボールの発射地点を原点に取り、初期速度v_0で角度θ方向に発射するとします。この問題についても、高さ方向をy軸、地面に水平な方向をx軸に取ります（図5.11）。

ボールの質量と位置をそれぞれm、rとすると、ボールの運動方程式は

$$m\frac{d^2 r}{dt^2} = F \tag{5.49}$$

と書けます。Fはボールに働く外力を表し、空気抵抗を無視すれば$F = (0, -mg, 0)$となります（gは重力加速度の大きさ）。

この運動方程式を、オイラー法で解いてみましょう。式(5.49)の両辺をmで割り、rと速度vの差分方程式で表すと、

$$r(t+h) = r(t) + v(t)h, \tag{5.50}$$

$$v(t+h) = v(t) + a(t)h. \tag{5.51}$$

計算結果をアニメーションで可視化する方法　**5.5**

となります。ここで$\boldsymbol{a}(t) = \boldsymbol{F}/m$としました。この差分方程式を、初期条件$\boldsymbol{r}(0) = (0, 0, 0)$、$\boldsymbol{v}(0) = (v_0 \cos\theta, v_0 \sin\theta, 0)$のもとで解きます。

問題設定

　ボールを水平面に対して、角度$\theta_0 = \pi/3$の方向に、初期速度の大きさ$v_0 = 15\text{m/s}$で発射したときの運動を調べてみましょう。空気抵抗は考えないものとします。

アルゴリズム

　アルゴリズムは以下のとおりです。

1. シーンの設定
2. 座標軸の描画
3. ボールの設定
4. 必要な定数とボールの初期条件
5. 時間発展ループ（yが正の間）：
　　　ボールの位置の時間発展
　　　ボールの速度の時間発展

プログラム

　2次元の放物運動のプログラムは、例5.10のように書くことができます。

例5.10

```
001  from vpython import *
002  scene = canvas(center = vector(10, 10, 0), width = 400, height = 400,
003                 range = 14)
004
005  # 座標軸の描画
006  C = color.white
007  curve(pos = [(0, 0, 0), (23, 0, 0)], color = C)
008  curve(pos = [(0, 0, 0), (0, 20, 0)], color = C)
009  label(pos = vector(0, -2, 0), text = 'O', color = C, height = 20, box = False)
010  label(pos = vector(23, -2, 0), text = 'X', color = C, height = 20, box = False)
011  label(pos = vector(-2, 20, 0), text = 'Y', color = C, height = 20, box = False)
012
013  # ボールの設定
014  ball = sphere(pos = vector(0, 0, 0), radius = 0.5, color = color.red,
015                make_trail = True, trail_type = "points", interval = 10,
016                retain = 100)
```

物理シミュレーションの基礎

```
017
018    # 必要な定数とボールの初期条件
019    g = 9.8        # 重力加速度
020    h = 0.005      # 時間幅
021    theta = 1.047 # ボールの発射角度[rad]
022    v0 = 15.0      # ボールの初期速度の大きさ[m/s]
023    vx = v0 * cos(theta)
024    vy = v0 * sin(theta)
025    ball.vel = vector(vx, vy, 0)  # ボールの初期速度
026    ball.accel = vector(0, -g, 0) # ボールの加速度
027
028    t = 0.0 # 初期時刻
029
030    while ball.pos.y >= 0.0:
031        rate(100)
032        ball.pos = ball.pos + ball.vel * h
033        ball.vel = ball.vel + ball.accel * h
034        t = t + h
035
036    print(f"ボールの落下地点＝{ball.pos.x:.3g}m")
```

　2行目のシーンの設定では、シーンの中心を$(10, 10, 0)$に設定しました。また、range = 14とした
ので、x, y座標共に、シーン中心から±14の範囲を描画するように設定してあります。6行目か
ら11行目にかけては、curveとlabelを用いて、座標軸と軸ラベルを設定しています。

5.5.4 │ オブジェクトの軌跡を表示する

　例5.10のプログラムでは、運動するボールの軌跡を描き、ボールの位置の時間変化が見やすく
なるよう工夫しています（15行目）。オブジェクトの軌跡を表示するには、以下の属性を指定しま
す。

┌─ **軌跡に関する属性** ─────────────────────
- make_trail: 軌跡の表示（True）と非表示（False）。
- trail_type: 軌跡の種類。点（points）か折れ線（curve）。
- interval: 点を打つ間隔。
- retain: 表示する点の数。

178

make_trail属性を「True」に指定すると、運動するオブジェクトの軌跡が表示されます（デフォルトでは「False」が指定されています）。例5.10のプログラムでは、10回計算するごとに点を打って軌跡を表示し（interval = 10）、最新の100点を表示する（retain = 100）ようにプログラムを書いてあります。これらの属性はsphereだけでなく、ほとんどのオブジェクトで指定することができます。

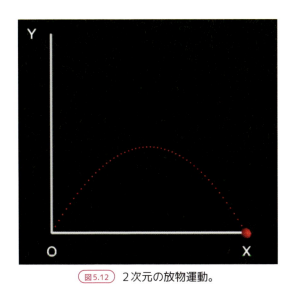

図5.12　2次元の放物運動。

プログラムを実行すると、ボールが放物線を描いて運動する様子がアニメーションで表示されます（図5.12）。また、最後にボールの落下地点が表示されます。

5.5.5　3次元の放物運動

最後に、例5.10のプログラムを元にして、3次元放物運動のシミュレーションプログラムを書いてみましょう。3次元の運動の場合は、高さ方向をz軸に取り、地面をxy平面に取ると、運動を直感的に表すことができます（図5.13）。しかし4.2.1項で解説したように、canvasでシーンを作成すると、デフォルトでは、カメラが$z > 0$の位置からxy平面への方向を向いているので、ボールの放物運動を上空（？）から見下ろすことになってしまいます。ボールの運動を直感的に表現するためには、z軸を上向きに表示すると便利です。

物理シミュレーションの基礎

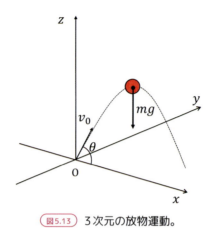

図5.13 3次元の放物運動。

z軸を上向きに表示するためには、canvasのup属性にvector(0, 0, 1)を指定します。z軸が上向きに描画されるので、ボールの運動を直感的に表現することができます（4.2.2項）。

問題設定

2次元のときと同様に、ボールの発射地点を原点に取り、初期速度の大きさ$v_0 = 15$m/sで、角度$\theta = \pi/3$方向に発射するとしましょう。また、ボールの運動はxz平面内に限られるとします。

アルゴリズム

アルゴリズムは2次元の場合とほとんど一緒ですが、時間発展はzが正の間行うとします。

プログラム

3次元の放物運動のプログラムは、例5.11のようになります。

例5.11

```
001  from vpython import *
002  scene = canvas(width = 400, height = 400, range = 14)
003  scene.up = vector(0, 0, 1)
004  scene.forward = vector(-1, 1, -0.3)
005  distant_light(direction = vector(0, -1, 1), color = color.gray(0.8))
006
007  # 座標軸を表示する
008  C = color.white
009  curve(pos = [(-10, 0, 0), (10, 0, 0)], color = C)
010  curve(pos = [(0, -10, 0), (0, 10, 0)], color = C)
```

計算結果をアニメーションで可視化する方法 **5.5**

```
011  curve(pos = [(0, 0, 0), (0, 0, 10)], color = C)
012  label(pos = vector(12, 0, 0), text = 'X', color = C, height = 20, box = False)
013  label(pos = vector(0, 20, 2), text = 'Y', color = C, height = 20, box = False)
014  label(pos = vector(0, 0, 11), text = 'Z', color = C, height = 20, box = False)
015
016  # ボールと地面を表示する
017  ball = sphere(pos = vector(0, 0, 0), radius = 0.5, color = color.red,
018              make_trail = True, trail_type = "points", interval = 10)
019  ground = box(pos = vector(0, 0, -0.2), size = vector(20, 20, 0.2),
020              color = color.green)
021
022  # 必要な定数とボールの初期条件
023  g = 9.8                    # 重力加速度
024  h = 0.005                  # 時間幅
025  theta = 1.047              # ボールの発射角度[rad]
026  v0 = 10.0                  # ボールの初期速度の大きさ[m/s]
027  vx = v0 * cos(theta)
028  vz = v0 * sin(theta)
029  ball.vel = vector(vx, 0, vz)
030  ball.accel = vector(0, 0, -g)
031
032  t = 0.0 # 初期時刻
033
034  while ball.pos.z >= 0.0:
035      rate(100)
036      ball.pos = ball.pos + ball.vel * h
037      ball.vel = ball.vel + ball.accel * h
038      t = t + h
```

5

　例5.11の4行目ではforward属性をベクトル形式で指定し、カメラの方向を定義しています（4.2.2項）。8行目から14行目では、ボールの位置がわかりやすいように、座標軸を描画しています。

物理シミュレーションの基礎

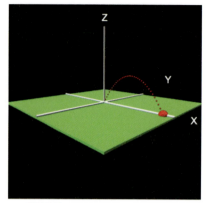

図5.14　放物運動するボール。

シミュレーションを実行するとボールが発射され、地面に着地するとシミュレーションが終了します（図5.14）。角度や発射速度等をいろいろと変えて、シミュレーションを実行してみましょう。

5.5.6　単振り子のアニメーション

5.4節では、単振り子の運動方程式をルンゲ・クッタ法で解き、おもりの運動の位相軌道を描いてみました。ここでは、例5.7のプログラムを少し書き換えて、単振り子のアニメーションを作ってみましょう。

問題設定

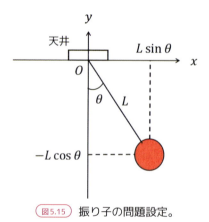

図5.15　振り子の問題設定。

問題設定は5.4節とほぼ同じです（図5.15）。振り子はxy平面内で運動するとし、振り子の支点

を原点に取ります。振り子の長さを $L = 20\mathrm{cm}$（0.2m）とし、ひもと y 軸の間の角度を θ[rad]とすると、おもりの位置 (x, y) は、それぞれ

$$x = L \sin \theta, \quad\quad\quad (5.52)$$

$$y = -L \cos \theta. \quad\quad\quad (5.53)$$

で表されることになります。おもりは半径3cm（0.03m）の球で表し、振り子の支点の位置には、振り子を吊るす天井を設置しましょう。

アルゴリズム

アルゴリズムは以下の通りとなります。

1. シーンの設定

2. 関数f(omega)の定義
   関数g(theta)の定義
   ルンゲ・クッタ法（1ステップ）の関数

3. 時間幅の設定：h = 0.001
   最大計算ステップ：max = 10000
   重力加速度：gravity = 9.8
   振り子の長さ：L = 0.2

4. 初期値の設定：theta = 1.0, omega = 0.0, t = 0.0

5. ルンゲ・クッタ法でthetaとomegaを時間発展させる

6. おもりの(x, y)座標を計算し、その位置に球オブジェクトを表示する

7. 時間の更新：t = h * i

プログラム

以上のアルゴリズムを翻訳すると、例5.12のプログラムになります。

物理シミュレーションの基礎

例5.12

```
001  from vpython import *
002  scene = canvas(range = 0.3)
003
004  def f(omega): # 関数fの定義
005      return omega
006
007  def g(theta, gravity, L): # 関数gの定義
008      return -(gravity/L) * sin(theta)
009
010  def rk4(theta, omega, f, g, h, h2): # ルンゲ・クッタ法
011      a1 = f(omega)
012      b1 = g(theta, gravity, L)
013      a2 = f(omega + b1 * h2)
014      b2 = g(theta + a1 * h2, gravity, L)
015      a3 = f(omega + b2 * h2)
016      b3 = g(theta + a2 * h2, gravity, L)
017      a4 = f(omega + b3 * h)
018      b4 = g(theta + a3 * h, gravity, L)
019
020      theta = theta + (a1 + 2.0 * a2 + 2.0 * a3 + a4) * h / 6.0
021      omega = omega + (b1 + 2.0 * b2 + 2.0 * b3 + b4) * h / 6.0
022
023      return theta, omega
024
025  max = 10000      # 最大計算ステップ数
026  theta = 1.0      # 初期の角度
027  omega = 0.0      # 初期の角度
028  gravity = 9.8    # 重力加速度
029  L = 0.2          # 振り子の長さ
030  t = 0.0
031  h = 0.001        # 時間幅
032  h2 = 0.5 * h
033
034  x = L * sin(theta)   # おもりのx座標
035  y = -L * cos(theta)  # おもりのy座標
036
037  # 板の設定
038  ceiling = box(pos = vector(0.0, 0.01, 0), length = 0.05,
039              height = 0.03, width = 0.05)
040
041  # 振り子の設定
042  bob = sphere(radius = 0.03, color = color.red) # おもり
```

```
043     bob.pos = vector(x, y, 0)
044     string = cylinder(pos = vector(0, 0, 0), axis = vector(x, y, 0),
045                       radius = 0.005, length = L) # ひも
046     string.axis = vector(x, y, 0)
047
048     for i in arange(1, max):
049         rate(400)
050         theta, omega = rk4(theta, omega, f, g, h, h2)
051         x = L * sin(theta)    # おもりのx座標
052         y = -L * cos(theta)   # おもりのy座標
053         bob.pos = vector(x, y, 0)
054         string.axis = vector(x, y, 0)
055
056         t = h * i
```

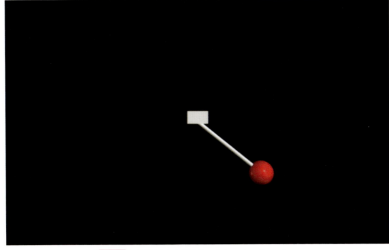

図5.16 振り子の運動のアニメーション。

シミュレーションを実行すると、天井から下がった振り子が振れる様子が見られます（図5.16）。

5.5.7 ばねの単振動

今度は、ばねの単振動のシミュレーションプログラムを書いてみましょう。図5.17のように、ばねの一端を壁に固定し、もう一端に質量m[kg]のおもりを取り付けます。ばねが伸び縮みする方向をx軸に取り、おもりが静止する位置（つりあいの位置）を原点に取ります。

おもりと床との間の摩擦や、おもりに働く空気抵抗を考えないことにすると、ばねの変形が小さいときのおもりの方程式は、

物理シミュレーションの基礎

$$m\frac{d^2x}{dt^2} = -kx \tag{5.54}$$

と表すことができます。x[m]はおもりの位置（ばねの変形）、k[N/m]はばね定数です。おもりの速さをv[m/s]とすると、おもりの運動エネルギーは、

$$K = \frac{1}{2}mv^2 \tag{5.55}$$

で表されます。一方、ばねの位置エネルギーは、

$$U = \frac{1}{2}kx^2 \tag{5.56}$$

で表されます。摩擦や空気抵抗が全くない場合、おもりがどの位置にあっても、$K + U$の値は常に同じ値です（力学的エネルギー保存則）。

問題設定

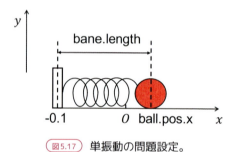

図5.17 単振動の問題設定。

図5.17のように、自然長が10cm（0.1m）のばねの一端を壁に固定し、もう一端に質量$m = 10$g（0.01kg）のおもりを取り付けます。ばね定数は$k = 2$N/mに設定しましょう。ばねの一端を取り付ける壁は、0.01m × 0.04m × 0.02mの板で作ります。おもりを、つりあいの位置（原点）から1cm（0.01m）伸ばしたところから、シミュレーションを開始することにしましょう。

アルゴリズム

単振動のアニメーションに加え、おもりの運動エネルギーと、ばねの位置エネルギーの時間変化のグラフも表示してみましょう。アルゴリズムは以下の通りとなります。

計算結果をアニメーションで可視化する方法　**5.5**

1. シーンの設定
2. グラフの設定
3. おもりの設定
4. ばねの設定
5. 壁の設定
6. 座標軸の設定
7. 必要な定数の設定
8. 時間発展ループ
   - ボールの速さの計算
   - ボールの位置の計算
   - ばねの長さの計算

プログラム

前項のアルゴリズムをプログラム[*10]に直すと、以下の通りとなります。

例5.13

```
001  from vpython import *
002  scene = canvas(range = 0.08)
003
004  # グラフの設定
005  graph(title = 'エネルギーの時間変化', height = 200, fast = False,
006        xtitle = '<i>t</i> [s]', ytitle = 'E [J]')
007
008  F1 = gcurve(color = color.red)   # おもりの運動エネルギー
009  F2 = gcurve(color = color.blue)  # ばねの位置エネルギー
010  F3 = gcurve(color = color.cyan)  # 力学的エネルギー
011  scene.autoscale = False # Turn off autoscaling at this point
012
013  # キャプション（グラフの凡例）
014  s = "<b>エネルギーの種類</b><br>"
015  s += "赤：おもりの運動エネルギー<br>"
016  s += "青：ばねの位置エネルギー<br>"
017  s += "シアン：力学的エネルギー"
018  scene.caption = s
019
020  # おもりの設定
021  ball = sphere(radius = 0.01, color = color.red)
022  ball.pos = vector(0.01, 0.0, 0.0)
023  ball.vel = vector(0.0, 0.0, 0.0)
024
```

[*10] canvas の autoscale 属性と caption 属性は、4.2.2項では説明しませんでした。興味のある方は、VPython のホームページ（https://vpython.org）にある「Documentation」で検索してください。

187

物理シミュレーションの基礎

```
025    # ばねの設定
026    bane = helix()
027    bane.pos = vector(-0.1, 0, 0)
028    bane.axis = vector(1, 0, 0)
029    bane.radius = 0.005
030    bane.length = 0.1 + ball.pos.x
031
032    # 壁の設定
033    wall = box(pos = vector(-0.1, 0.01, 0), length = 0.01, height = 0.04,
034               width = 0.02)
035
036    # 座標軸の設定
037    curve(pos = [(-0.1, -0.01, 0), (0.04, -0.01, 0)], color = color.white) # 座標軸
038    label(pos = vector(0.03, -0.02, 0), text = 'X', color = color.white,
039          height = 20, box = False) # 軸ラベル
040    label(pos = vector(0.0, -0.02, 0), text = '0', color = color.white,
041          height = 20, box = False) # 原点
042
043    # 必要な定数の設定
044    h = 0.001  # 時間幅
045    t = 0.0    # 時刻
046    k = 2.0    # ばね定数
047    m = 0.01   # おもりの質量
048
049    while t <= 1:
050        rate(50)
051        ball.vel = ball.vel - ((k * ball.pos * h) / m) # ボールの速度
052        ball.pos = ball.pos + ball.vel * h            # ボールの位置
053        t = t + h
054
055        bane.length = 0.1 + ball.pos.x                 # ばねの長さ
056
057        K = 0.5 * m * mag2(ball.vel)              # おもりの運動エネルギー
058        U = 0.5 * k * mag2(ball.pos)              # ばねの位置エネルギー
059        total = K + U
060
061        F1.plot(t, K)
062        F2.plot(t, U)
063        F3.plot(t, total)
```

　シミュレーションを実行すると、おもりが単振動をはじめ、それに応じてエネルギーのグラフも変化します。おもりの運動エネルギー（赤）と、ばねの位置エネルギー（青）は周期的に変化しますが、それらの和である力学的エネルギー（シアン）は一定のままです。

計算結果をアニメーションで可視化する方法 **5.5**

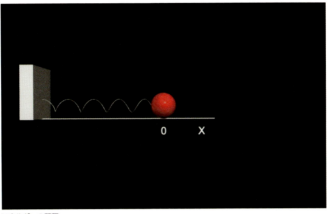

エネルギーの種類
赤：おもりの運動エネルギー
青：ばねの位置エネルギー
シアン：力学的エネルギー

エネルギーの時間変化

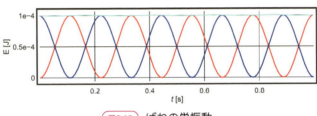

図5.18　ばねの単振動。

5.5.8　ボタンによるシミュレーションの制御

　ここでは、4.2.15項で解説したボタンを用いて、シミュレーションの実行や中断を制御する方法を解説します。まずプログラムの先頭に以下のプログラムを書き、シミュレーションの開始ボタンを設置します。

シミュレーションの開始ボタンを設置

```
001  running = False
002
003  def Run(b):
004      global running
005      running = not running
006      if running == True:
007          b.text = "Pause"
008      else:
009          b.text = "Run"
010
011  button(text = "Run", pos = scene.title_anchor, bind = Run)
```

189

物理シミュレーションの基礎

1行目の変数runningはグローバル変数で、初期値として真偽型の値「False」を代入しておきます。

3行目から9行目までのRun関数は、ボタンが押されたときに呼び出される関数で、11行目にあるbuttonのbind属性に紐づけられているものです。

ボタンが押されたら変数runningの値を変更します（5行目）。このとき、**not演算子**を用いました（第3章では解説を省略しました）。not演算子は、notの次に来る値や式を否定するという働きがあります。このプログラムの場合、もし変数runningに代入されたデータが「False」ならば、「not running」は「True」に等しくなります。5行目の命令は、「ボタンを押したら変数runningの値の真偽を変更しなさい」という意味になります。

6行目から9行目は、変数runningの値がTrueなら、ボタンのテキストを「Pause」に変更し、Falseなら「Run」に変更しなさいという命令です。Run関数の引数bはボタンを表しており、text属性でボタンのテキストを指定できます。

11行目ではbutton関数を用いてボタンを設置します。ボタンはシーンの上に設置されますが、シーンの下に設置したいときは、pos属性をscene.caption_anchorに変更します。text属性には「Run」が指定されているので、ボタンには最初「Run」と表示されます。

次に、シミュレーションの時間発展のループを以下のように変更します。

シミュレーションの時間発展のループを変更

```
001  while t <= 1:
002      rate(50)
003      if running == True: # 変数runningがTrueのときだけ実行する
004          ball.vel = ball.vel + ...
005          ball.pos = ball.pos + ...
006            ...
007          t = t + h
```

ボタンによるシミュレーションの制御に必要なのは、3行目です。つまり、ボタンを押して変数runningが「True」になったときにだけ、時間発展させるというわけです。

それでは、例5.13のプログラムにボタンを導入してみましょう。次のプログラムを入力してみてください。

例5.14

```
001  from vpython import *
002  scene = canvas(range = 0.08)
003
004  # ボタンの設定
005  running = False
006
007  def Run(b):
```

計算結果をアニメーションで可視化する方法　**5.5**

```python
008      global running
009      running = not running
010      if running == True:
011          b.text = "Pause"
012      else:
013          b.text = "Run"
014
015  button(text = "Run", pos = scene.title_anchor, bind = Run) # ボタンの設置
016
017  # グラフの設定
018  graph(title = 'エネルギーの時間変化', height = 200, fast = False,
019        xtitle = '<i>t</i> [s]', ytitle = 'E [J]')
020
021  F1 = gcurve(color = color.red)   # おもりの運動エネルギー
022  F2 = gcurve(color = color.blue)  # ばねの位置エネルギー
023  F3 = gcurve(color = color.cyan)  # 力学的エネルギー
024  scene.autoscale = False # Turn off autoscaling at this point
025
026  # キャプション（グラフの凡例）
027  s = "<b>エネルギーの種類</b><br>"
028  s += "赤：おもりの運動エネルギー<br>"
029  s += "青：ばねの位置エネルギー<br>"
030  s += "シアン：力学的エネルギー"
031  scene.caption = s
032
033  # おもりの設定
034  ball = sphere(radius = 0.01, color = color.red)
035  ball.pos = vector(0.01, 0.0, 0.0)
036  ball.vel = vector(0.0, 0.0, 0.0)
037
038  # ばねの設定
039  bane = helix()
040  bane.pos = vector(-0.1, 0, 0)
041  bane.axis = vector(1, 0, 0)
042  bane.radius = 0.005
043  bane.length = 0.1 + ball.pos.x
044
045  # 壁の設定
046  wall = box(pos = vector(-0.1, 0.01, 0), length = 0.01, height = 0.04,
047             width = 0.02)
048
049  # 座標軸の設定
050  curve(pos = [(-0.1, -0.01, 0), (0.04, -0.01, 0)], color = color.white) # 座標軸
051  label(pos = vector(0.03, -0.02, 0), text = 'X', color = color.white,
```

191

物理シミュレーションの基礎

```
052             height = 20, box = False) # 軸ラベル
053     label(pos = vector(0.0, -0.02, 0), text = '0', color = color.white,
054             height = 20, box = False) # 原点
055
056     # 必要な定数
057     dt = 0.001  # 時間刻み
058     t = 0.0     # 時刻
059     k = 2.0     # ばね定数
060     m = 0.01    # おもりの質量
061
062     while t <= 1:
063         rate(50)
064         if running == True:
065             ball.vel = ball.vel - ((k * ball.pos * dt) / m)
066             ball.pos = ball.pos + ball.vel * dt
067             t = t + dt
068
069             bane.length = 0.1 + ball.pos.x
070
071             K = 0.5 * m * mag2(ball.vel)    # おもりの運動エネルギー
072             U = 0.5 * k * mag2(ball.pos)    # ばねの位置エネルギー
073             total = K + U
074
075             F1.plot(t, K)
076             F2.plot(t, U)
077             F3.plot(t, total)
```

　プログラムを実行すると、ばねとおもりが表示され、左上に「Run」と書かれたボタンが表示されます（図5.19）。ボタンを押すとシミュレーションが実行され、ボタンの表示は「Pause」となります。ボタンを押すたびに、シミュレーションは実行と中断を繰り返します。

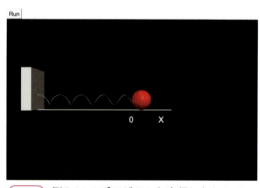

図5.19 例5.14のプログラムを実行したところ。

第 6 章

いろいろな
物理シミュレーション

この章では、これまでに学んだことを応用し、
いろいろな物理シミュレーションを実行してみましょう。

SECTION 6.1 ランダムウォーク

　数学に「酔歩の問題」という問題があります。ある酔客が居酒屋を出発点にしてフラフラと歩き出し、行きつ戻りつしながら、等しい歩幅でランダムな方向にN歩歩いたとしましょう。このとき、酔客は出発点からどれだけ離れた位置にいるだろうか、というのが「酔歩の問題」です。

　この酔客の動きは、**ランダムウォーク**という数理モデルでモデル化できます。ランダムウォークは酔歩の問題だけでなく、様々な現象の数理モデルの基礎となっています。たとえば、コップに入った水にインクを垂らすと、インクは水中にじわじわと広がっていきます。これはインクの分子が、他の水分子とランダムに衝突を繰り返しながら拡散していくためです。インクの分子の動きをランダムウォークとしてモデル化し、多数の分子の運動をシミュレーションしてみると、インクの拡散と統計的に類似した現象を再現することができます。

　この節ではランダムウォークのシミュレーションを行い、その統計的な性質について調べてみましょう。

6.1.1 原理

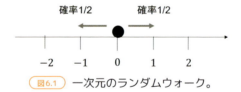

図6.1　一次元のランダムウォーク。

　まずは1次元のランダムウォークを考えてみましょう（図6.1）。原点に粒子を置き、表と裏が等しい確率（＝$1/2$）で出るコインを用意します。コインを投げて表が出たら、粒子は正の方向に1ステップ進み、裏が出たら、負の方向に1ステップ進みます。N回コインを投げた後の粒子の位置は、

$$S_N = X_1 + X_2 + \cdots + X_N \tag{6.1}$$

と表されます。ここでX_i（$i = 1, 2, \cdots, N$）は、i回目にコインを投げたときに、確率$1/2$で$+1$、確率$1/2$で-1の値を取る**確率変数**とします。

　コインをN回投げたときに、粒子が平均してどの位置にあるかを知るには、「コインをN回投げる」という試行を独立にk回実行し、$<S_N> \equiv \sum_{i=1}^{k} S_N^{(i)}/k$を計算すればよさそうです。ここで

iは試行回数のインデックスを表しており、$S_N^{(i)}$は、i番目の試行において、コインをN回投げた後の粒子の位置を表しています。しかし、S_Nは正負の交じったランダムな値を取ることを考えると、$< S_N > = 0$となるため都合がよくありません。

そこで$< S_N >$の代わりに、

$$< S_N^2 > \equiv \frac{S_N^{(1)2} + S_N^{(2)2} + \cdots S_N^{(k)2}}{k} = \frac{1}{k}\sum_{i=1}^{k} S_N^{(i)2} \tag{6.2}$$

を計算することにしましょう。$< S_N^2 >$のことを**平均二乗変位**と呼び、これが粒子の運動のしやすさの目安になります。

プログラムを書く前に、N回コインを投げたときの平均二乗変位の理論値を計算してみましょう[14]。正の方向と負の方向に1歩ずつ動いた順に＋と－を書きならべ、動いた距離を括弧内に記入します。全ての組み合わせを書きだし、平均二乗変位を計算してみましょう。

平均二乗変位の理論値を計算

1. N = 1のとき：＋（$S_1 = 1$）、－（$S_1 = -1$）の2通りなので、平均二乗変位は$(1^2 + (-1)^2)/2 = 1$.

2. N = 2のとき：＋＋（$S_2 = 2$）、＋－（$S_2 = 0$）、－＋（$S_2 = 0$）、－－（$S_2 = -2$）の4通りなので、平均二乗変位は$(2^2 + 0^2 + 0^2 + (-2)^2)/4 = 2$.

3. N = 3のとき：＋＋＋（$S_3 = 3$）、＋＋－（$S_3 = 1$）、＋－＋（$S_3 = 1$）、＋－－（$S_3 = -1$）、－＋＋（$S_3 = 1$）、－＋－（$S_3 = -1$）、－－＋（$S_3 = -1$）、－－－（$S_3 = -3$）の8通りなので、
平均二乗変位は$(3^2 + 1^2 + 1^2 + (-1)^2 + 1^2 + (-1)^2 + (-1)^2 + (-3)^2)/8 = 3$.

このように、N回コインを投げたときの平均二乗変位の理論値はNに等しくなるため[*1]、粒子は平均すると出発点から$\sqrt{N}$の位置に存在すると予想されます。

6.1.2 | 1次元ランダムウォークのシミュレーション

では実際にプログラムを書いて、1次元のランダムウォークのシミュレーションを実行してみましょう。

図6.1のように、粒子は原点から出発するものとします。そして粒子は、等確率で右か左に1ス

[*1] 2次元の場合にも同様の計算により、平均二乗変位がNに等しくなることが示せます[14]。ただし、場合の数が多いので、1次元の場合に比べると少し計算が大変です。

いろいろな物理シミュレーション

テップだけ移動するとします。5000ステップ移動したら、1つの試行が終わることにしましょう。

　プログラムは、横軸にステップ数n、縦軸に粒子の位置S_nを取って、それぞれの試行の粒子の軌跡（トラジェクトリ）をグラフに表示し、最後に5回の試行の平均二乗変位を計算するものとします。このプログラムのアルゴリズムは、次のようになります。

プログラムのアルゴリズム

1. グラフの設定
2. 初期値の設定：
   - 総ステップ数：nmax = 5000
   - 試行回数：kmax = 5
   - 試行回数のカウンタ：k = 0
   - 平均二乗変位：rn = 0
3. k ＜ kmaxの間、以下の手続きを繰り返す
   初期値の設定：ステップ数n = 0、初期位置x = 0
   (a) n ＜ nmaxの間、以下の手続きを繰り返す
   　　ⅰ．確率1/2で1か2を発生させ、変数cに代入する
   　　ⅱ．c = 1ならxに1を加える
   　　ⅲ．c = 2ならxから1を引く
   　　ⅳ．画面に位置をプロットする
   　　ⅴ．ステップ数nを1つ増やす
   (b) 二乗変位を計算して変数r_nに加える
   (c) kを1つ増やす
4. r_n/kmaxを計算して平均二乗変位を計算する

　このアルゴリズムをプログラムに直すと、例6.1になります。

例6.1

```
001  from vpython import *
002  import random as r
003  scene = canvas()
004
005  graph(width = 450, height = 300, title = '1次元ランダムウォーク',
006          foreground = color.black, background = color.white,
007          xtitle = 'ステップ数', ytitle = '位置')
008
009  nmax = 5000 # 総ステップ数
010  kmax = 5     # 試行回数
011  k = 0
012  rn = 0
```

```
013 :
014 : while k < kmax:
015 :     f1 = gcurve(color = color.red)
016 :
017 :     n = 0
018 :     x = 0
019 :
020 :     while n < nmax:
021 :         c = r.randint(1, 2)
022 :         if c == 1:
023 :             x = x + 1
024 :         else:
025 :             x = x - 1
026 :
027 :         f1.plot(pos = (n, x))
028 :
029 :         n = n + 1
030 :
031 :     rn = rn + x**2
032 :     k = k + 1
033 :
034 : print("総ステップ数", nmax, "平均二乗変位", rn/kmax)
```

　プログラムの2行目では、rという省略名をつけてrandomモジュール（3.8節）を読み込んでいます。また21行目では、randint関数（3.8節）で、1以上2以下の整数（つまり1か2）をランダムに発生させています。

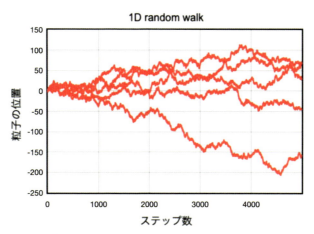

総ステップ数 5000 平均二乗変位 7320.0

図6.2　1次元ランダムウォークのシミュレーション結果。

いろいろな物理シミュレーション

　シミュレーションを実行すると、各試行のトラジェクトリが表示され、その下には、総ステップ数と平均二乗変位の値が表示されます（図6.2）。平均二乗変位の値は理論的にはステップ数と同じ値になるはずなのに、シミュレーションの結果はかけ離れた値になっていることがわかります。これは、試行回数が少ないことによるものです。試行回数を100回、200回と増やしていけば、平均二乗変位の値がステップ数に近づいていくと予想されます。

　今度は、総ステップ数と平均二乗変位の関係をグラフにしてみましょう。アルゴリズムは次の通りです。

プログラムのアルゴリズム

1. グラフの設定
2. 初期値の設定: kmax = 1000, p = 0
3. p < 5の間、以下の手続きを繰り返す
   - 総ステップ数の計算：nmax = (p + 1) * 1000
   - nmax ステップのランダムウォークをkmax回実行する
   - 平均二乗変位の計算
   - pに1を加える

例6.2

```
001   from vpython import *
002   import random as r
003   scene = canvas()
004
005   graph(width = 450, height = 300, title='step vs. MSD',
006         foreground = color.black, background = color.white,
007         xtitle = 'step', ytitle = 'MSD')
008
009   kmax = 1000 # 試行回数
010   p = 0
011
012   f1 = gdots(color = color.red)
013
014   while p < 5:
015       nmax = (p + 1) * 1000 # 総ステップ数
016       rn = 0
017       k = 0
018       while k < kmax:
019           n = 0
020           x = 0
021           while n < nmax:
```

```
022              c = r.randint(1, 2)
023              if c == 1:
024                  x = x + 1
025              else:
026                  x = x - 1
027              n = n + 1
028          rn = rn + x**2
029          k = k + 1
030      print("総ステップ数", nmax, "平均二乗変位", rn/kmax)
031      f1.plot(pos = (nmax, rn/kmax))
032      p = p + 1
033
034  gcurve(data = [(0, 0), (5000, 5000)], color = color.blue)
```

例6.2のプログラムでは、平均二乗変位を計算するために、試行回数（kmax）を1000に増やしました。また、総ステップ数（nmax）を1000から5000まで、1000刻みで変化させるためのwhileループ（14行目から32行目）が加わりました。34行目には、原点を通る傾き1の直線を描く命令を書きました。

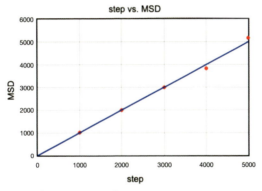

総ステップ数 1000 平均二乗変位 1014.348
総ステップ数 2000 平均二乗変位 1995.8
総ステップ数 3000 平均二乗変位 2995.9
総ステップ数 4000 平均二乗変位 3829.832
総ステップ数 5000 平均二乗変位 5167.772

図6.3　総ステップ数と平均二乗変位の関係。

シミュレーションを実行すると、図6.3のようなグラフが現れます。ステップ数と平均二乗変位の関係は、原点を通る傾き1の直線で近似できることがわかります。

6.1.3　2次元ランダムウォークのシミュレーション

今度は、2次元のランダムウォークを考えましょう。原点に置かれた粒子が、上下左右のどちらかに等しい確率で移動するとします（図6.4）。つまり、等しい確率で1から4の数値を出す「サイコロ」をふり、1が出たら上、2が出たら下、というように粒子の移動方向を決めます。

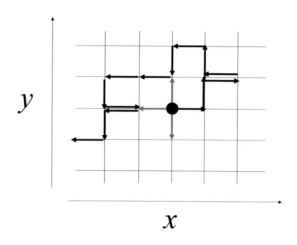

図6.4　正方格子上のランダムウォーク。

まずは、2次元ランダムウォークの様子をアニメーションで観察してみましょう。アルゴリズムは次の通りになります。

プログラムのアルゴリズム

1. シーンの設定
2. 初期値の設定：最大ステップ数nmax、ステップ数n
3. 変数ballの定義
4. n < nmaxの間、以下の手続きを繰り返す
    (a) 1から4の間の数をランダムに生成し、変数cに保存する
    (b) c = 1なら、$x := x + 1$
    (c) c = 3なら、$x := x - 1$
    (d) c = 4なら、$y := y - 1$
    (e) c = 2なら、$y := y + 1$
    (f) nを1つ増やす

ランダムウォーク **6.1**

このアルゴリズムをプログラムに直すと、例6.3になります。

例6.3

```
001  from vpython import *
002  import random as r
003  scene = canvas()
004
005  nmax = 1000
006  n = 0
007
008  ball = sphere(pos = vector(0, 0, 0), radius = 0.1, color = color.red,
009               make_trail = True)
010
011  while n < nmax:
012      rate(5)
013      c = r.randint(1, 4)
014      if c == 1:
015          ball.pos = ball.pos + vector(1, 0, 0)
016      elif c == 2:
017          ball.pos = ball.pos + vector(0, 1, 0)
018      elif c == 3:
019          ball.pos = ball.pos + vector(-1, 0, 0)
020      else:
021          ball.pos = ball.pos + vector(0, -1, 0)
022
023      n = n + 1
```

ここでは、総ステップ数nmaxを1000に設定しました。

まず、sphereで半径0.1の粒子を定義し、原点に配置します（8行目）。このときmake_trail属性をTrueに設定すると、粒子のトラジェクトリが表示されます（5.5.4項）。

whileループで粒子の位置を時間発展させますが、1から4の整数を等確率で発生させ、その値に応じてx方向やy方向に粒子を移動させます。12行目のrate関数（5.5.1項）は、カッコ内の数値を大きくすると粒子の動きが速くなりますので、アニメーションが見やすくなるように値を調整してください[2]。

---

[2] あまりrate関数の数値を大きくしすぎると、トラジェクトリの形状が不自然になることがあります。

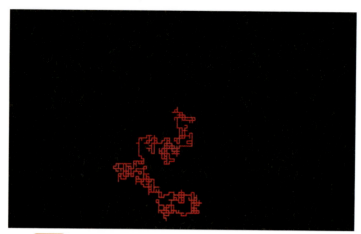

図6.5　正方格子上のランダムウォークのアニメーション。

シミュレーションを実行すると、粒子の軌跡が表示されます（図6.5）。粒子が正方格子上をランダムに動く様子を観察してみましょう。

最後に、例6.3のプログラムを少し改良し、粒子の最終的なトラジェクトリをグラフに表示するプログラム（例6.4）を書いてみましょう。シミュレーションを実行して得られたトラジェクトリを、図6.6に示します。

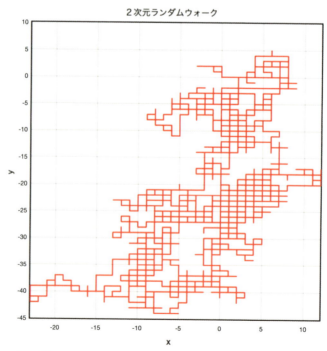

図6.6　正方格子上のランダムウォークのトラジェクトリ。

ランダムウォーク **6.1**

例6.4

```
001  from vpython import *
002  import random as r
003  scene = canvas()
004
005  graph(width = 600, height = 600, title = '2次元ランダムウォーク',
006        foreground = color.black, background = color.white,
007        xtitle = 'x', ytitle = 'y')
008
009  f1 = gcurve(color = color.red)
010
011  n = 2000
012  x = 0
013  y = 0
014  i = 0
015
016  while i <= n:
017
018      c = r.randint(1, 4)
019
020      if c == 1:
021          x = x + 1
022      elif c == 2:
023          y = y + 1
024      elif c == 3:
025          x = x - 1
026      else:
027          y = y - 1
028
029      f1.plot(pos = (x, y))
030
031      i = i + 1
```

　なお、whileループの中にrate関数を入れるとグラフが動的に描かれます（4.1.5項）。この方法でも、ランダムウォークの簡単なアニメーションを作ることができます。

6.1.4　｜　研究課題

1.　例6.4を改良し、最終的な平均二乗変位を計算するプログラムを書いてみましょう。
2.　例6.4を改良し、三角格子上の2次元ランダムウォークのプログラムを書いてみましょう。

203

SECTION 6.2 二重振り子

二重振り子とは、単振り子を2つ連ねた振り子のことです。単振り子の運動方程式と同様に、二重振り子の運動方程式を初期条件の下で解けば、任意の時刻のおもりの位置や速度を得ることができます。このような運動方程式のことを、決定論的な方程式と呼びます。

初期条件がごくわずかに違った、二組の二重振り子の状態を観察すると、しばらくは同じような運動をするように見えますが、あるときから大幅に異なる運動をしはじめ、その後の運動は全く違ったものになってしまいます[*3]。このように、決定論的な方程式に従う系に見られる、わずかな初期状態の違いが急速に拡大する性質は、**カオス**と呼ばれています。

この節では二重振り子の運動方程式を数値的に解き、振り子の複雑な運動の様子を観察してみましょう。

6.2.1 原理

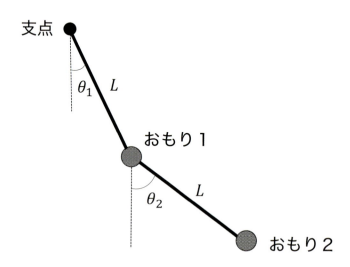

図6.7 2つのおもりを軽い棒で連結した二重振り子。

二重振り子には、2つの剛体棒を連結したものや、2つのおもりを軽い棒で連結したものなどが

[*3] YouTube等で「二重振り子」を検索すると、シミュレーション動画が多数見つかります。

二重振り子 **6.2**

あります[*4]。ここでは、2つのおもりを軽い棒で連結した二重振り子の運動を考えましょう。2つのおもりは同じ質量を持ち、2つの軽い棒は同じ長さLを持っているものとしましょう（図6.7）。問題を単純化するため、空気抵抗や摩擦の影響は考えないものとします。

2つの棒が鉛直方向となす角をそれぞれθ_1, θ_2と置きます（図6.7）。重力加速度の大きさをgで表すと、θ_1, θ_2の時間発展方程式は、それぞれ次のように書くことができます[15]。

$$\dot{\omega}_1 = -\frac{\omega_1^2 \sin(2\theta_1 - 2\theta_2) + 2\omega_2^2 \sin(\theta_1 - \theta_2) + (g/L)[\sin(\theta_1 - 2\theta_2) + 3\sin\theta_1]}{3 - \cos(2\theta_1 - 2\theta_2)}, \quad (6.3)$$

$$\dot{\omega}_2 = \frac{4\omega_1^2 \sin(\theta_1 - \theta_2) + \omega_2^2 \sin(2\theta_1 - 2\theta_2) + 2(g/L)[\sin(2\theta_1 - \theta_2) - \sin\theta_2]}{3 - \cos(2\theta_1 - 2\theta_2)}. \quad (6.4)$$

ここで左辺のドットは時間微分を表しており、$\omega_1 = \dot{\theta}_1$, $\omega_2 = \dot{\theta}_2$です。

6.2.2 | シミュレーション

式（6.3）と式（6.4）の運動方程式を、ルンゲ・クッタ法で解くプログラムを書いてみましょう。その際、168ページの例5.7のプログラムを「二次利用」しましょう。

まず解くべき方程式を一般化し、

$$\dot{\theta}_1 = f_1(\omega_1), \quad (6.5)$$

$$\dot{\omega}_1 = g_1(\theta_1, \theta_2, \omega_1, \omega_2), \quad (6.6)$$

$$\dot{\theta}_2 = f_2(\omega_2), \quad (6.7)$$

$$\dot{\omega}_2 = g_2(\theta_1, \theta_2, \omega_1, \omega_2). \quad (6.8)$$

と書きます。ここで、$f_1(\omega_1) = \omega_1$, $f_2(\omega_2) = \omega_2$であり、$g_1(\theta_1, \theta_2, \omega_1, \omega_2)$および$g_2(\theta_1, \theta_2, \omega_1, \omega_2)$は、それぞれ式（6.3）、（6.4）の右辺を表しています。

これらの式を解くためのルンゲ・クッタ法のアルゴリズムは、次の通りです。

$$a_1 = f_1(\omega_1), \quad (6.9)$$

$$b_1 = g_1(\theta_1, \theta_2, \omega_1, \omega_2), \quad (6.10)$$

$$c_1 = f_2(\omega_2), \quad (6.11)$$

$$d_1 = g_2(\theta_1, \theta_2, \omega_1, \omega_2), \quad (6.12)$$

$$a_2 = f_1(\omega_1 + b_1 h/2), \quad (6.13)$$

[*4] 1.4節で紹介した二重振り子のサンプルプログラムは、2つの剛体棒を連結したものです。また運動方程式をオイラー法で解いています。

いろいろな**物理シミュレーション**

$$b_2 = g_1(\theta_1 + a_1 h/2, \theta_2 + c_1 h/2, \omega_1 + b_1 h/2, \omega_2 + d_1 h/2), \quad (6.14)$$

$$c_2 = f_2(\omega_2 + d_1 h/2), \quad (6.15)$$

$$d_2 = g_2(\theta_1 + a_1 h/2, \theta_2 + c_1 h/2, \omega_1 + b_1 h/2, \omega_2 + d_1 h/2), \quad (6.16)$$

$$a_3 = f_1(\omega_1 + b_2 h/2), \quad (6.17)$$

$$b_3 = g_1(\theta_1 + a_2 h/2, \theta_2 + c_2 h/2, \omega_1 + b_2 h/2, \omega_2 + d_2 h/2), \quad (6.18)$$

$$c_3 = f_2(\omega_2 + d_2 h/2), \quad (6.19)$$

$$d_3 = g_2(\theta_1 + a_2 h/2, \theta_2 + c_2 h/2, \omega_1 + b_2 h/2, \omega_2 + d_2 h/2), \quad (6.20)$$

$$a_4 = f_1(\omega_1 + b_3 h), \quad (6.21)$$

$$b_4 = g_1(\theta_1 + a_3 h, \theta_2 + c_3 h, \omega_1 + b_3 h, \omega_2 + d_3 h), \quad (6.22)$$

$$c_4 = f_2(\omega_2 + d_3 h), \quad (6.23)$$

$$d_4 = g_2(\theta_1 + a_3 h, \theta_2 + c_3 h, \omega_1 + b_3 h, \omega_2 + d_3 h), \quad (6.24)$$

$$\theta_1 = \theta_1 + (a_1 + 2a_2 + 3a_3 + a_4)h/6, \quad (6.25)$$

$$\theta_2 = \theta_2 + (c_1 + 2c_2 + 3c_3 + c_4)h/6, \quad (6.26)$$

$$\omega_1 = \omega_1 + (b_1 + 2b_2 + 3b_3 + b_4)h/6, \quad (6.27)$$

$$\omega_2 = \omega_2 + (d_1 + 2d_2 + 3d_3 + d_4)h/6. \quad (6.28)$$

2つのおもりの微分方程式を解くために、計算のための変数（a_1やb_1など）の数が二倍に増えていることに注意してください。プログラムのアルゴリズムは次のようになります。

プログラムのアルゴリズム

1. 関数$f_1(\omega_1)$の定義
2. 関数$g_1(\theta_1, \theta_2, \omega_1, \omega_2)$の定義
3. 関数$f_2(\omega_2)$の定義
4. 関数$g_2(\theta_1, \theta_2, \omega_1, \omega_2)$の定義
5. 関数rk4（ルンゲ・クッタ法の計算）の定義
6. メインプログラム
   必要な定数の定義
   （繰り返し処理）
   （a）$\theta_1, \theta_2, \omega_1, \omega_2$の時間発展
   （b）θ_1, θ_2を(x_1, y_1)、(x_2, y_2) に変換して、トラジェクトリを描画する

二重振り子 **6.2**

　以上のアルゴリズムに基づいて書いたプログラムを、例6.5に示します。例6.5のプログラムは、二重振り子の運動をアニメーションで表示します。初期条件は少し極端な方が面白いので、$\theta_1 = \pi$, $\theta_2 = -\pi/4$に設定しました。

例6.5

```python
from vpython import *
scene = canvas()

def f1(omg1):
    return omg1

def g1(th1, th2, omg1, omg2):
    alpha = th1 - th2
    beta = th1 - 2.0 * th2
    gamma = 2.0 * th1 - th2
    zeta = 3.0 - cos(2.0 * alpha)

    domg1 = -((omg1)**2 * sin(2.0 * alpha) + 2.0 * (omg2**2) * sin(alpha)
              + k * (sin(beta) + 3.0 * sin(th1)))/zeta
    return domg1

def f2(omg2):
    return omg2

def g2(th1, th2, omg1, omg2):
    alpha = th1 - th2
    beta = th1 - 2.0 * th2
    gamma = 2.0 * th1 - th2
    zeta = 3.0 - cos(2.0 * alpha)

    domg2 = (4.0 * (omg1**2) * sin(alpha) + (omg2**2) * sin(2.0 * alpha)
             + 2.0 * k * (sin(gamma) - sin(th2)))/zeta
    return domg2

def rk4(th1, th2, omg1, omg2, f1, g1, f2, g2, h, h2): # ルンゲ・クッタ法
    a1 = f1(omg1)
    b1 = g1(th1, th2, omg1, omg2)
    c1 = f2(omg2)
    d1 = g2(th1, th2, omg1, omg2)

    a2 = f1(omg1 + b1 * h2)
    b2 = g1(th1 + a1 * h2, th2 + c1 * h2, omg1 + b1 * h2, omg2 + d1 * h2)
    c2 = f2(omg2 + d1 * h2)
    d2 = g2(th1 + a1 * h2, th2 + c1 * h2, omg1 + b1 * h2, omg2 + d1 * h2)
```

207

```
040
041        a3 = f1(omg1 + b2 * h2)
042        b3 = g1(th1 + a2 * h2, th2 + c2 * h2, omg1 + b2 * h2, omg2 + d2 * h2)
043        c3 = f2(omg2 + d2 * h2)
044        d3 = g2(th1 + a2 * h2, th2 + c2 * h2, omg1 + b2 * h2, omg2 + d2 * h2)
045
046        a4 = f1(omg1 + b3 * h2)
047        b4 = g1(th1 + a3 * h2, th2 + c3 * h2, omg1 + b3 * h2, omg2 + d3 * h2)
048        c4 = f2(omg2 + d2 * h2)
049        d4 = g2(th1 + a3 * h2, th2 + c3 * h2, omg1 + b3 * h2, omg2 + d3 * h2)
050
051        th1 = th1 + (a1 + 2.0 * a2 + 2.0 * a3 + a4) * h / 6.0
052        th2 = th2 + (c1 + 2.0 * c2 + 2.0 * c3 + c4) * h / 6.0
053        omg1 = omg1 + (b1 + 2.0 * b2 + 2.0 * b3 + b4) * h / 6.0
054        omg2 = omg2 + (d1 + 2.0 * d2 + 2.0 * d3 + d4) * h / 6.0
055
056        return th1, th2, omg1, omg2
057
058 # メインプログラム
059
060 max = 100000 # 総ステップ数
061 t = 0.0
062 h = 0.0001
063 h2 = h * 0.5
064
065 g = 9.8 # 重力加速度
066 L = 0.3 # 棒の長さ
067 k = g / L
068
069 th1 = pi # 初期角度
070 th2 = -pi / 4.0 # 初期角度
071
072 x1 = L * sin(th1)
073 x2 = x1 + L * sin(th2)
074 y1 = -L * cos(th1)
075 y2 = y1 - L * cos(th2)
076
077 b1 = sphere(radius = 0.02, color = color.red, make_trail = True)
078 b2 = sphere(radius = 0.02, color = color.yellow, make_trail = True)
079 b1.pos = vector(x1, y1, 0)
080 b2.pos = vector(x2, y2, 0)
081
082 c1 = cylinder(axis = vector(x1, y1, 0), radius = 0.01,
083              length = L, color = color.white)
```

6.2 二重振り子

```
084        c2 = cylinder(axis = vector(x2-x1, y2-y1, 0), radius = 0.01,
085                      length = L, color = color.white)
086        c1.pos = vector(0, 0, 0)
087        c2.pos = vector(x1, y1, 0)
088
089        omg1 = 0.0
090        omg2 = 0.0
091
092        for i in arange(1, max):
093            rate(2000)
094            th1, th2, omg1, omg2 = rk4(th1, th2, omg1, omg2, f1, g1, f2, g2, h, h2)
095
096            x1 = L * sin(th1)
097            x2 = x1 + L * sin(th2)
098            y1 = -L * cos(th1)
099            y2 = y1 - L * cos(th2)
100
101            b1.pos = vector( x1, y1, 0 )
102            b2.pos = vector( x2, y2, 0 )
103
104            c1.axis = vector(x1, y1, 0)
105            c2.pos = vector(x1, y1, 0)
106            c2.axis = vector(x2-x1, y2-y1, 0)
107
108            t = h * i
```

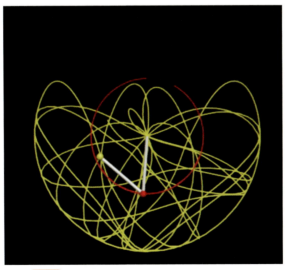

図6.8 二重振り子のアニメーションの様子。

いろいろな物理シミュレーション

　シミュレーションを実行すると、2つのおもりが運動する様子を観察できます（図6.8）。おもり1のトラジェクトリ（赤）は半径Lの円になるだけなのであまり面白くありませんが、おもり2のトラジェクトリ（黄）は複雑で面白い形になります。

　おもり2のトラジェクトリだけをグラフに図示するには、例6.6のシミュレーションを実行すればよいでしょう。初期条件や最大ステップ数を変更して、様々なトラジェクトリを描いてみてください（図6.9）。

例6.6

```
001  from vpython import *
002  scene = canvas()
003
004  def f1(omg1):
005      return omg1
006
007  def g1(th1, th2, omg1, omg2):
008      alpha = th1 - th2
009      beta = th1 - 2.0 * th2
010      gamma = 2.0 * th1 - th2
011      zeta = 3.0 - cos(2.0 * alpha)
012
013      domg1 = -((omg1)**2 * sin(2.0 * alpha) + 2.0 * (omg2**2) * sin(alpha)
014              + k * (sin(beta) + 3.0 * sin(th1)))/zeta
015      return domg1
016
017  def f2(omg2):
018      return omg2
019
020  def g2(th1, th2, omg1, omg2):
021      alpha = th1 - th2
022      beta = th1 - 2.0 * th2
023      gamma = 2.0 * th1 - th2
024      zeta = 3.0 - cos(2.0 * alpha)
025
026      domg2 = (4.0 * (omg1**2) * sin(alpha) + (omg2**2) * sin(2.0 * alpha)
027              + 2.0 * k * (sin(gamma) - sin(th2)))/zeta
028      return domg2
029
030  def rk4(th1, th2, omg1, omg2, f1, g1, f2, g2, h, h2): # ルンゲ・クッタ法
031      a1 = f1(omg1)
032      b1 = g1(th1, th2, omg1, omg2)
033      c1 = f2(omg2)
034      d1 = g2(th1, th2, omg1, omg2)
```

二重振り子 **6.2**

```
035
036        a2 = f1(omg1 + b1 * h2)
037        b2 = g1(th1 + a1 * h2, th2 + c1 * h2, omg1 + b1 * h2, omg2 + d1 * h2)
038        c2 = f2(omg2 + d1 * h2)
039        d2 = g2(th1 + a1 * h2, th2 + c1 * h2, omg1 + b1 * h2, omg2 + d1 * h2)
040
041        a3 = f1(omg1 + b2 * h2)
042        b3 = g1(th1 + a2 * h2, th2 + c2 * h2, omg1 + b2 * h2, omg2 + d2 * h2)
043        c3 = f2(omg2 + d2 * h2)
044        d3 = g2(th1 + a2 * h2, th2 + c2 * h2, omg1 + b2 * h2, omg2 + d2 * h2)
045
046        a4 = f1(omg1 + b3 * h2)
047        b4 = g1(th1 + a3 * h2, th2 + c3 * h2, omg1 + b3 * h2, omg2 + d3 * h2)
048        c4 = f2(omg2 + d2 * h2)
049        d4 = g2(th1 + a3 * h2, th2 + c3 * h2, omg1 + b3 * h2, omg2 + d3 * h2)
050
051        th1 = th1 + (a1 + 2.0 * a2 + 2.0 * a3 + a4) * h / 6.0
052        th2 = th2 + (c1 + 2.0 * c2 + 2.0 * c3 + c4) * h / 6.0
053        omg1 = omg1 + (b1 + 2.0 * b2 + 2.0 * b3 + b4) * h / 6.0
054        omg2 = omg2 + (d1 + 2.0 * d2 + 2.0 * d3 + d4) * h / 6.0
055
056        return th1, th2, omg1, omg2
057
058  # メインプログラム
059
060  G2 = graph(width = 400, height = 400, xtitle = 'x', ytitle = 'y',
061             title = 'おもり2の位置', foreground = color.black,
062             background = color.white, xmin = -0.7, xmax = 0.7,
063             ymin = -0.7, ymax = 0.7)
064
065  # 必要な定数
066  max = 100000 # 総ステップ数
067  t = 0.0
068  h = 0.0001
069  h2 = h * 0.5
070
071  g = 9.8 # 重力加速度
072  L = 0.3 # 棒の長さ
073  k = g / L
074
075  th1 = pi
076  th2 = -pi/4.0
077  omg1 = 0.0
078  omg2 = 0.0
```

```
079
080     p2 = gcurve(graph = G2, color = color.blue)
081
082     for i in arange(1, max):
083         th1, th2, omg1, omg2 = rk4(th1, th2, omg1, omg2, f1, g1, f2, g2, h, h2)
084
085         x1 = L * sin(th1)
086         x2 = x1 + L * sin(th2)
087         y1 = -L * cos(th1)
088         y2 = y1 - L * cos(th2)
089
090         p2.plot(pos = (x2, y2))
091
092         t = h * i
```

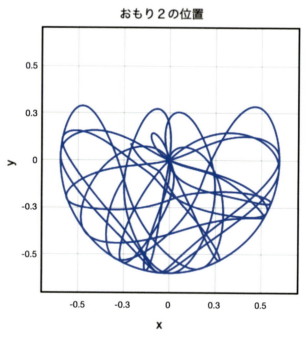

図6.9 おもり2のトラジェクトリ。初期条件$\theta_1 = \pi$, $\theta_2 = -\pi/4$のとき。

二重振り子 **6.2**

6.2.3 | 研究課題

　例6.5や例6.6のプログラムを用いて、次の初期条件のときの二重振り子の運動を調べてみましょう。

1. $\theta_1 = \pi/2$, $\theta_2 = \pi/2$
2. $\theta_1 = \pi/2$, $\theta_2 = 0$

SECTION 6.3 天体の運動

　一定の点Oから質点Pに作用する力が、OPを通る直線に沿ってはたらき、その大きさがOP間の距離の関数で表されるとき、その力のことを**中心力**と言います。クーロン力や、万有引力などは中心力の一種です。中心力を受けながら運動する質点の軌道は、一般的に円錐曲線になることが示せます[16]。

　この節では、万有引力の作用に基づく天体の運動をシミュレーションしてみましょう。また、地球の周りを周回する人工衛星が、初期速度の大きさによってどのような軌道を描くのかも調べてみましょう。

6.3.1 原理

　2つの天体A、Bから成る系を考えましょう（図6.10）。天体Bが天体Aに及ぼす力の大きさは、それらの重心間の距離rを用いて、次のように表すことができます。

$$F(r) = G\frac{M_A M_B}{r^2} \tag{6.29}$$

ここで、Gは万有引力（重力）定数（$= 6.6726 \times 10^{-11}$ m^3/(kg·s^2)）であり、M_AとM_Bは、それぞれ天体Aと天体Bの質量を表しています。

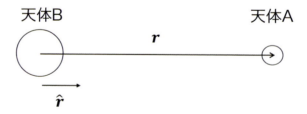

図6.10　天体Aと天体Bの位置関係。

　天体Aと天体Bの運動量をそれぞれ$\boldsymbol{p}_A$、$\boldsymbol{p}_B$とし、他の天体が存在しないとすれば、それぞれの天体の運動方程式は次のように書けるでしょう。

$$\frac{d\boldsymbol{p}_A}{dt} = \boldsymbol{F}, \tag{6.30}$$

$$\frac{d\boldsymbol{p}_B}{dt} = -\boldsymbol{F}, \tag{6.31}$$

$$\boldsymbol{F} = F(r)\hat{\boldsymbol{r}} = G\frac{M_A M_B}{r^2}\hat{\boldsymbol{r}}. \tag{6.32}$$

　ここで万有引力$\boldsymbol{F}$の大きさは、天体Bから見た、天体Aの相対位置ベクトル$\boldsymbol{r}$の大きさの関数として表されます。また、$\hat{\boldsymbol{r}}$は$\boldsymbol{r}$方向の単位ベクトルを表しています（図6.10）。

　ここで式（6.30）と式（6.31）の辺々を加えると、

$$\frac{d}{dt}(\boldsymbol{p}_A + \boldsymbol{p}_B) = \boldsymbol{0} \tag{6.33}$$

となることに注意しましょう。左辺の$\boldsymbol{p}_A + \boldsymbol{p}_B$は、天体Aと天体Bから成る質点系の全運動量を表しています。すなわち、天体間に万有引力以外の力が働かないのであれば、質点系の全運動量は時間変化しないことが示されます（**運動量保存則**）。

　万有引力を介して運動する物体の例として、地表すれすれに飛行する人工衛星（質量m）の速さvを計算してみましょう。人工衛星に作用する向心力の大きさは、地球から受ける重力の大きさに等しいので、地球の半径の大きさをR_Eとして、

$$m\frac{v^2}{R_E} = mg \tag{6.34}$$

という式が成り立ちます。

　この式を、人工衛星の速さvについて解けば、

$$v = \sqrt{R_E g} \tag{6.35}$$

となり、R_Eの値（約$6.4 \times 10^6 \mathrm{km}$）と重力加速度$9.8\mathrm{m/s^2}$の値を代入すれば、地表すれすれの円軌道を周回する人工衛星の速さは、$v = 7.9 \times 10^3 \mathrm{m/s}$と計算できます（**第一宇宙速度**）。第一宇宙速度で周回する人工衛星の運動の周期は、

$$T = \frac{2\pi R_E}{v} = 5.06 \times 10^3 \mathrm{s} \tag{6.36}$$

となり、約84分で地球の周りを一周することになります[*5]。

COLUMN ｜ ニュートンの思考実験

　人工衛星の可能性を最初に予想したのは、ニュートンだと言われています[17]。高い山の上

[*5] ただし、実際に地表すれすれに人工衛星を打ち出すと、空気抵抗の影響で減速し、地面に落下してしまいます。

から水平に打ち出された物体は、地球との間に働く万有引力の作用で、いつかは地表に落下してしまいます。しかしニュートンは、投射速度の大きさが大きければ、地球のまわりを円軌道を描いて運動するだろうと予想しました。実際に人工衛星が打ち上げられたのは1957年のことですので、ニュートンは思考実験だけで、300年先の未来を予想していたとも言えます。

6.3.2 地球の公転シミュレーション

太陽のまわりの地球の公転運動のシミュレーションプログラムを書いてみましょう。問題設定は次の通りです。

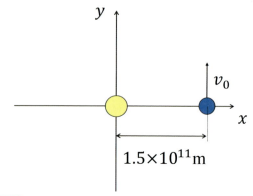

図6.11 太陽（黄）と地球（青）の位置関係（初期条件）。

表6.1 太陽と地球の質量。

-	太陽	地球
質量[kg]	2.0×10^{30}	5.9×10^{24}

太陽の位置をxy平面の原点の位置に取り、地球はxy平面内で太陽のまわりを公転運動するとしましょう[*6]（図6.11）。シミュレーションの初期条件として、地球は最初、$r_0 = (1.5 \times 10^{11}\text{m}, 0\text{m}, 0\text{m})$の位置にあり、速度$v_0 = (0\text{m/s}, 3 \times 10^4\text{m/s}, 0\text{m/s})$で運動するとします。太陽は最初、原点に配置しましょう。

地球と太陽の位置を計算するために、式（6.30）、（6.31）をオイラー法で解きます。アルゴリズムは次のようになります。

[*6] 中心力のみを受けて運動する物体は、力の中心を含む平面内で運動することを示すことができます[18]。

天体の運動　**6.3**

> ⌐ **プログラムのアルゴリズム** ────────────────
>
> 1. シーンの設定（カメラの位置）
> 2. シミュレーションに用いる数値の設定
> 3. 太陽と地球の設定
>
> （繰り返し処理）
>
> 　(1) 相対位置ベクトルの計算
>
> 　(2) 万有引力の計算
>
> 　(3) 次の時刻の、太陽と地球の運動量$\boldsymbol{p}_S, \boldsymbol{p}_E$を計算する：
>
> $$\boldsymbol{p}_S := \boldsymbol{p}_S + \boldsymbol{F}h, \qquad\qquad (6.37)$$
>
> $$\boldsymbol{p}_E := \boldsymbol{p}_E - \boldsymbol{F}h. \qquad\qquad (6.38)$$
>
> 　(4) 次の時刻の、太陽と地球の位置$\boldsymbol{r}_S, \boldsymbol{r}_E$を計算する：
>
> $$\boldsymbol{r}_S := \boldsymbol{r}_S + (\boldsymbol{p}_S/M_S)h, \qquad\qquad (6.39)$$
>
> $$\boldsymbol{r}_E := \boldsymbol{r}_E + (\boldsymbol{p}_E/M_E)h. \qquad\qquad (6.40)$$

以上のアルゴリズムをプログラムに直すと、例6.7になります。

例6.7

```
001  from vpython import *
002  scene = canvas()
003
004  G = 6.7e-11 # 万有引力定数
005  Ms = 2e30    # 太陽の質量
006  Me = 6e24    # 地球の質量
007  x0 = 1.9e11 # 地球の初期位置
008  v0 = 3e4     # 地球の初期スピード
009  R = 2e10     # 太陽と地球の半径（実際とは異なる）
010  h = 5e4
011
012  sun = sphere(pos = vector(0,0,0), radius = R, color = color.yellow)
013  sun.mass = Ms
014  sun.p = vector(0, 0, 0) * sun.mass
015
016  earth = sphere(pos = vector(x0, 0, 0), radius = R, make_trail = True,
017                 texture = textures.earth, trail_type = 'points',
018                 interval = 10, retain = 1000)
019  earth.mass = Me
020  earth.p = vector(0, v0, 0) * earth.mass
```

217

```
021
022     force = arrow()
023
024     while True:
025         rate(100)
026         r = earth.pos - sun.pos
027         F = G * sun.mass * earth.mass * r.hat / mag2(r)
028         sun.p = sun.p + F * h
029         earth.p = earth.p - F * h
030         sun.pos = sun.pos + (sun.p/sun.mass) * h
031         earth.pos = earth.pos + (earth.p/earth.mass) * h
032
033         force.pos = earth.pos
034         force.axis = -r.hat
035         force.length = 8e10
036         force.color = color.red
```

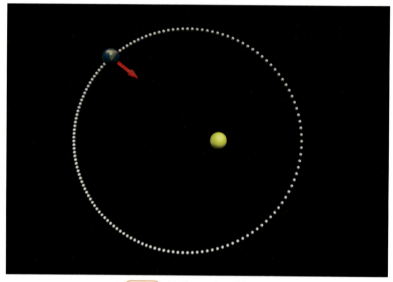

図6.12 　地球の公転の様子。

4行目から10行目にかけて、計算に必要な定数を定義しています。太陽と地球の半径は共に 2×10^{10} m に設定していますが、もちろんこれは実際の値とは異なります。地球の軌道半径に比べて、シミュレーション結果が見やすくなるように値を選んでいます。

太陽と地球は sphere を用いて表しますが、それぞれ sun、earth という変数で定義します。また、質量や運動量は sun.mass や sun.p などと表します。地球にはテクスチャマッピング（115ページ）を施し、より地球らしく表示してみました。

地球が太陽から受ける力の方向を、矢印で表示しました（33行目以降）。arrow で「力の矢印」

を表すことにし、forceという変数名で定義しておきます（22行目）。矢印の方向（force.axis）は、地球の中心（earth.pos）から太陽の中心方向（-r.hat）を向いており、矢印の長さ（force.length）は一定の値（8×10^{10}N）としました。

シミュレーションを実行すると、画面に地球と太陽が表示され、万有引力を介してお互いに運動する様子が見られます[*7]（図6.12）。また地球に働く万有引力は、常に太陽の方向を向いていることも一目でわかります。

6.3.3 　人工衛星のシミュレーション

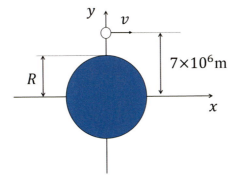

図6.13　人工衛星シミュレーションの問題設定。青丸が地球、白丸が人工衛星を表す。

今度は、人工衛星の運動をシミュレーションしてみましょう。問題設定は次の通りです。

図6.13のように、地球の中心を座標の原点に取り、地球の半径は $R = 6.4 \times 10^6$m に設定します。人工衛星は、その軌道が見やすくなるように、地表から見て高度600kmの地点から（つまり地球の中心から 7×10^6m の地点から）、地表に対して水平に発射することにします。例6.7と同様に、人工衛星の運動は xy 平面内で起こることにしましょう。

このプログラムでも、オイラー法で人工衛星の位置を計算しましょう。アルゴリズムは以下の通りになります。

プログラムのアルゴリズム

1. シーンの設定
2. 地球と人工衛星の定義（オブジェクトの種類、位置、質量、運動量）
3. 時間幅hの設定
    （繰り返し処理）

[*7] ただし、地球の質量に比べてはるかに大きな質量を持つ太陽の動きは、このシミュレーション動画ではほとんど見られません。

いろいろな物理シミュレーション

(1) 相対位置ベクトルの計算

(2) 万有引力の計算

(3) 次の時刻の、地球と人工衛星の運動量を計算する：

$$\boldsymbol{p}_A := \boldsymbol{p}_A + \boldsymbol{F}h, \qquad\qquad (6.41)$$

$$\boldsymbol{p}_B := \boldsymbol{p}_B - \boldsymbol{F}h. \qquad\qquad (6.42)$$

(4) 次の時刻の、地球と人工衛星の位置を計算する：

$$\boldsymbol{r}_A := \boldsymbol{r}_A + (\boldsymbol{p}_A/M_A)h, \qquad\qquad (6.43)$$

$$\boldsymbol{r}_B := \boldsymbol{r}_B + (\boldsymbol{p}_B/M_B)h. \qquad\qquad (6.44)$$

　このプログラムでは、人工衛星を質量300kg、半径10mの球体としました。球体の半径が大きいのはグラフィックスを見やすくするためです。また時間幅は1秒としています。

　以上のアルゴリズムをプログラムに直すと、例6.8になります。

例6.8

```
001  from vpython import *
002  scene = canvas()
003
004  G = 6.7e-11  # 万有引力定数
005  vel1 = 7.9e3 # 第一宇宙速度
006
007  # 地球
008  earth = sphere(pos = vector(0, 0, 0), radius = 6.4e6, texture = textures.earth)
009  earth.mass = 5.9e24 # 地球の質量
010  earth.p = vector(0, 0, 0) * earth.mass # 地球の運動量
011
012  # 人工衛星
013  satellite = sphere(pos = vector(0, 7e6, 0), radius = 5e5, color = color.white,
014                  make_trail = True, trail_type = 'curve')
015  satellite.mass = 3e2 # 人工衛星の質量
016  satellite.p = vector(vel1, 0, 0) * satellite.mass # 人工衛星の運動量
017
018  h = 1e0
019
020  while True:
021      rate(500)
022      r = satellite.pos - earth.pos
023      F = G * earth.mass * satellite.mass * r.hat / mag2(r)
```

220

```
024    earth.p = earth.p + F * h
025    satellite.p = satellite.p - F * h
026    earth.pos = earth.pos + (earth.p/earth.mass) * h
027    satellite.pos = satellite.pos + (satellite.p/satellite.mass) * h
```

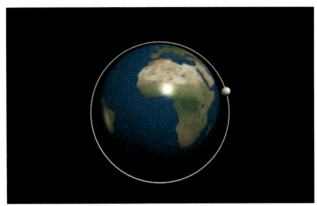

図6.14 人工衛星シミュレーションの様子
（初期速度の大きさが7.9×10^3m/sのとき）。

初期速度の大きさを第一宇宙速度（7.9×10^3m/s）にとった結果は、図6.14のようになります。人工衛星は楕円軌道を描いて、地球のまわりを周回しています。

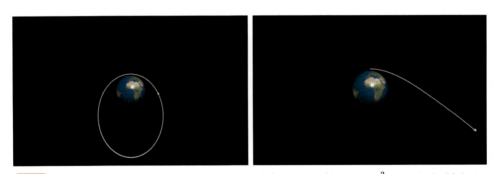

図6.15 人工衛星シミュレーションの様子（初期速度の大きさが9.5×10^3m/sのとき（左）と、1.2×10^4m/sのとき（右））。

次に、初期速度の大きさを9.5×10^3m/sと1.2×10^4m/sに変更し、それぞれシミュレーションを実行してみます。図6.15の左の図は、初期速度の大きさを9.5×10^3m/sとしたときの計算結果を示しています。初期速度の大きさが第一宇宙速度に等しいときの計算結果に比べると、かなり平たい楕円軌道になっていますが、人工衛星は地球のまわりを一周し、元の位置に戻ってくることがわかります。

一方、図6.15の右の図は、初期速度の大きさを1.2×10^4m/sとしたときの計算結果を示してい

ます。この場合は、人工衛星は元の位置に戻ってきそうにありません。地球の引力圏を脱出するのに必要な速度を**第二宇宙速度**といい、地表付近ではおよそ 1.12×10^4 m/s です。人工衛星に与えた初期速度の大きさが第二宇宙速度よりも大きいため、地球の引力を振り切って宇宙空間に飛び出したら最後、地球付近には戻ってこないというわけです。

6.3.4 三体の運動

万有引力を及ぼし合う3つの天体の運動を、理論的に予想するのは困難であることが知られています（**三体問題**）。ここでは、例6.7のプログラムにもう一つ天体を追加して、三体運動のシミュレーションプログラムを書いてみましょう。

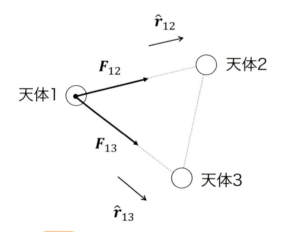

図6.16　天体2、3が天体1に及ぼす力。

図6.16には、万有引力を及ぼしあう3つの天体と、天体1に作用する力を図示しました。

天体1から見た天体2と天体3の方向の単位ベクトルを、それぞれ $\hat{r}_{12}$, $\hat{r}_{13}$ と書くことにすると、天体2および天体3が天体1に作用する力は、それぞれ

$$\boldsymbol{F}_{12} = G\frac{M_1 M_2}{r_{12}^2}\hat{r}_{12}, \tag{6.45}$$

$$\boldsymbol{F}_{13} = G\frac{M_1 M_3}{r_{13}^2}\hat{r}_{13}. \tag{6.46}$$

と書けます。r_{12} と r_{13} は、それぞれ天体1から見た、天体2と天体3までの距離を表しており、M_1, M_2, M_3 はそれぞれ、天体1、天体2、天体3の質量を表しています。

これを用いると、天体1の運動方程式は

$$\frac{d\boldsymbol{p}_1}{dt} = \boldsymbol{F}_{12} + \boldsymbol{F}_{13} = G\frac{M_1 M_2}{r_{12}^2}\hat{\boldsymbol{r}}_{12} + G\frac{M_1 M_3}{r_{13}^2}\hat{\boldsymbol{r}}_{13} \tag{6.47}$$

となり、天体2、天体3の運動方程式も同様に、

$$\frac{d\boldsymbol{p}_2}{dt} = -\boldsymbol{F}_{12} + \boldsymbol{F}_{23} = -G\frac{M_1 M_2}{r_{12}^2}\hat{\boldsymbol{r}}_{12} + G\frac{M_2 M_3}{r_{23}^2}\hat{\boldsymbol{r}}_{23}, \tag{6.48}$$

$$\frac{d\boldsymbol{p}_3}{dt} = -\boldsymbol{F}_{13} - \boldsymbol{F}_{23} = -G\frac{M_1 M_3}{r_{13}^2}\hat{\boldsymbol{r}}_{13} - G\frac{M_2 M_3}{r_{23}^2}\hat{\boldsymbol{r}}_{23}. \tag{6.49}$$

となります。ここで作用・反作用の法則から $\boldsymbol{F}_{21} = -\boldsymbol{F}_{12}$、$\boldsymbol{F}_{31} = -\boldsymbol{F}_{13}$、$\boldsymbol{F}_{32} = -\boldsymbol{F}_{23}$ であることを使っています。

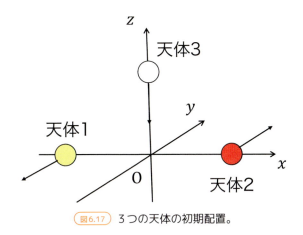

図6.17　3つの天体の初期配置。

問題設定は次の通りです。天体1と天体2は、両者とも原点から 1.0×10^{11} m 離れた、x軸上に配置します（図6.17）。また、天体3はz軸上の$z > 0$の位置に配置します。

天体1と天体2の初期速度の大きさはともに 10^4 m/s とし、図6.17に示す方向に初期速度を与えることにしましょう。また、天体3の初期速度の大きさを 10^5 m/s とし、原点に向けて初期速度を与えます。この問題設定に基づくプログラムを、例6.9に示します。

例6.9

```
001  from vpython import *
002  scene = canvas()
003  scene.forward = vector(0, 1,-1)
004
005  G = 6.7e-11   # 万有引力定数
006  x0 = 1e11     # 初期位置
```

いろいろな物理シミュレーション

```
007    v0 = 1e4      # 初期スピード
008    R = 2e10      # 天体の半径
009    h = 5e4
010
011    b1 = sphere(pos = vector(-x0, 0, 0), radius = R, make_trail = True,
012                color = color.yellow, trail_type = 'curve', interval = 10,
013                retain = 1000)
014    b2 = sphere(pos = vector(x0, 0, 0), radius = R, make_trail = True,
015                color = color.red, trail_type = 'curve', interval = 10,
016                retain = 1000)
017    b3 = sphere(pos = vector(0, 0, 1.5 * x0), radius = R, make_trail = True,
018                color = color.white, trail_type = 'curve', interval = 10,
019                retain = 1000)
020
021    # 天体の質量
022    b1.mass = 5e30
023    b2.mass = 5e30
024    b3.mass = 5e30 * 1e-1
025
026    # 天体の運動量
027    b1.p = vector(0, -v0, 0) * b1.mass
028    b2.p = vector(0, v0, 0) * b2.mass
029    b3.p = vector(0, 0, -0.1 * v0) * b3.mass
030
031    while True:
032        rate(100)
033        r12 = b2.pos - b1.pos
034        r23 = b3.pos - b2.pos
035        r13 = b3.pos - b1.pos
036
037        F12 = G * b1.mass * b2.mass * r12.hat / mag2(r12)
038        F23 = G * b2.mass * b3.mass * r23.hat / mag2(r23)
039        F13 = G * b1.mass * b3.mass * r13.hat / mag2(r13)
040
041        b1.p = b1.p + (F12 + F13) * h
042        b2.p = b2.p + (-F12 + F23) * h
043        b3.p = b3.p + (-F13 - F23) * h
044
045        b1.pos = b1.pos + (b1.p/b1.mass) * h
046        b2.pos = b2.pos + (b2.p/b2.mass) * h
047        b3.pos = b3.pos + (b3.p/b3.mass) * h
```

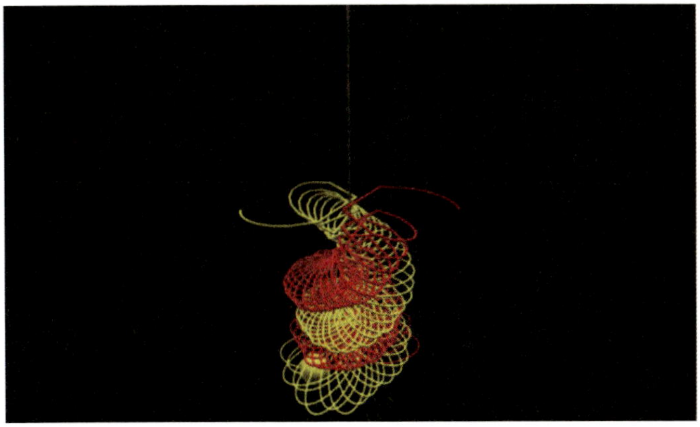

天体の運動 **6.3**

(図6.18) 3つの天体の軌道の例。

図6.18には、シミュレーションの実行結果を示しました。3つの天体が互いに万有引力の相互作用で運動しています。例6.9のプログラムで設定した初期条件の下でシミュレーションを実行すると、天体1と天体2がそれぞれらせん軌道を描きながら、さらにより大きならせん軌道を描きます（図6.18ではマウスドラッグしてカメラの位置を変えています）。天体3の方は、2つの天体に「弾き飛ばされ」[*8]、早々とフレームの外に消えてしまいます。

6.3.5 | **研究課題**

例6.9のプログラムのパラメータを次のように変えて、シミュレーションを実行してみましょう：$v_0 = 2 \times 10^4$, $b3.mass = 5 \times 10^{30}$。

他にも初期条件をいろいろと変えて、面白い天体の軌道を探してみましょう。

[*8]天体間に斥力がはたらいているというわけではなく、引力相互作用によるスイングバイで加速しています。

SECTION 6.4 ベクトル場の可視化

　空間上の任意の地点において、ある物理量が位置の関数として一義的に定義されるとき、その物理量のことを**場**といいます[19]。たとえば、部屋の中の任意の地点の温度は、その位置の関数で表すことができるので、場の一種ということになります（温度場）。また、テレビの天気予報では、日本の様々な地点で観測された風の速度を矢印で表したものを見かけますが、これも場の一種ということになります（風速場）。温度と風速は、それぞれスカラー量とベクトル量ですから、前者はスカラー場、後者はベクトル場といいます。

　空間に正や負の電荷が置かれたとき、その周囲には電場が生じます。特に、静止している電荷の周囲に生じる場（静電場）は時間的に変化しないので、その大きさと方向は、位置の関数で表されます。ここでは静電場を例に取り、ベクトル場を可視化するプログラムを書いてみましょう。

6.4.1 原理

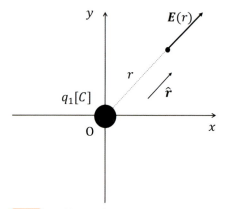

図6.19　電荷q_1が位置rの地点に作る電場。

　真空の2次元空間の原点の位置に、$q_1[C]$の正の点電荷を置きます（図6.19）。点電荷は位置rに、

$$E \equiv \frac{1}{4\pi\epsilon_0} \frac{q_1}{r^2} \hat{r} \tag{6.50}$$

で表される**電場**を作ります。ここで$\hat{r}$はr方向の単位ベクトルを表します。ϵ_0は電気定数（または真空の誘電率）と呼ばれ、$\epsilon_0 = 8.854 \times 10^{-12} \, C^2/(N \cdot m^2)$という値を持ちます。

　もし位置rに、$q_2[C]$の電荷を持つ点電荷を置くと、その点電荷は電場から

$$F = q_2 E = \frac{1}{4\pi\epsilon_0}\frac{q_1 q_2}{r^2}\hat{r} \qquad (6.51)$$

の力を受けます。これをクーロン力といいます。$q_1 q_2 > 0$（同種符号）ならクーロン力は斥力、$q_1 q_2 < 0$（異種符号）なら引力となることに注意しましょう。

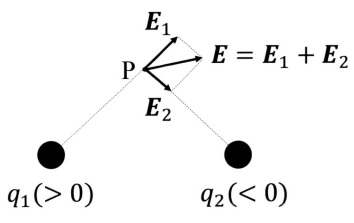

図6.20　点電荷q_1、q_2が位置Pに作る電場。

　複数の点電荷が周囲の空間に生じる電場は、それぞれの点電荷が作る電場の重ね合わせで表すことができます。たとえば図6.20のように、$q_1[C]$と$q_2[C]$の2つの点電荷が真空の空間に置かれたとしましょう。このとき、2つの電荷が位置Pに作る電場をそれぞれE_1、E_2とすれば、位置Pにおける電場は、$E = E_1 + E_2$で計算することができます。図6.20は、$q_1 > 0$、$q_2 < 0$の場合に、位置Pに生じる電場を模式的に表したものです。

6.4.2　点電荷が空間に作る電場

　空間に置かれた点電荷の周囲に生じる電場を描いてみましょう。電場の表現には、VPythonのarrow（4.2.3項）が使えそうです。簡単のため空間は2次元とします。
　アルゴリズムの中心となるのは、以下の手続きです。

アルゴリズムの中心

1. $q_1[C]$の点電荷を位置r_1に置く

いろいろな物理シミュレーション

2. 電場を計算する位置r_Eとの相対位置$r = r_E - r_1$を計算する

3. 電場の大きさEを計算する

4. 位置r_Eを始点として長さEの矢印を描く

q_1[C]の点電荷は原点（$r_1 = 0$）に配置することにし、点電荷から距離R(=1.0×10^{-8}m)だけ離れた地点の電場を、arrowで表示します。このアルゴリズムに基づいて、例6.10のプログラムを書くことができます。

例6.10

```
001  from vpython import *
002  scene = canvas()
003
004  factor = 8.9e9 # 1/4 pi epsilon_0
005  qe = 1.6e-19 # 電気素量
006  sf = 3e-16 # scale factor
007  r1 = vec(0, 0, 0)
008  charge = sphere(pos = r1, radius = 1e-9, color = color.red)
009  q1 = qe
010  R = 1e-8
011
012  r_E = R * vec(1, 0, 0)
013  r = r_E - charge.pos
014  E = (factor * q1 / mag(r)**2) * r.hat
015  arrow(pos = r_E, color = color.white, axis = sf * E, shaftwidth = 3e-10)
```

4行目に出てくる「factor」は、式（6.50）に出てくる係数$1/(4\pi\epsilon_0)$の値です。5行目で電気素量をqeで定義し、その整数倍で点電荷の大きさq1を定義することにします（例6.10では1倍）。点電荷はsphereで表し、原点に配置します（7、8行目）。

12行目以降では、アルゴリズムにしたがって電場を計算していますが、sf (scale factor)という量を導入して、arrowオブジェクトの長さを調節していることに注意してください（axis属性で長さを設定しています）。通常、矢印の長さは電場の大きさで表しますが、arrowオブジェクトの長さを電場の大きさに指定してしまうと、矢印の長さが大きすぎて見づらくなってしまいます。そのため、矢印がちょうど見やすくなるように、sfの値を決めています。

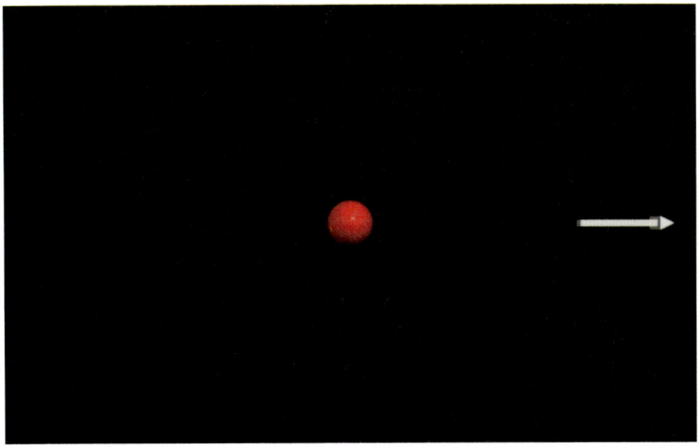

ベクトル場の可視化 **6.4**

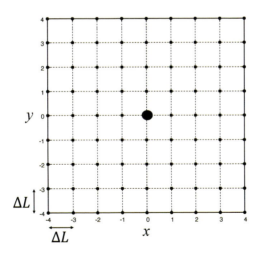

図6.21 点電荷から離れた位置にできる電場。

シミュレーションを実行すると、図6.21のような結果が表示されます。点電荷は正の電荷を持っているため、電場の方向は外向きです。点電荷を負電荷にすると、電場の方向が内向きになることを確認しましょう。

図6.22 2次元空間を8×8のメッシュに分割する。
図は$L = 4$、$\Delta L = 1$の場合。

今度は、もう少し多くの位置で電場を計算してみましょう。そのためには、空間をいくつかのメッシュに分割し、格子点の座標を計算します（図6.22）。xy平面上の$-L \leq x \leq L$, $-L \leq y \leq L$の領域を、刻み幅ΔLで多数のメッシュに分割し、各格子点で電場を計算するプログラムを書いてみましょう。そのためのアルゴリズムは、次のようになります。

いろいろな物理シミュレーション

> **アルゴリズムの中心**
>
> （繰り返し処理）
> xを-Lに設定する：
> 　（繰り返し処理）
> 　yを-Lに設定する：
> 　　　位置(x, y)における電場を計算する
> 　　　yにΔLを加える
> 　xにΔLを加える

このアルゴリズムをプログラムに直すには、for（またはwhile）ループを入れ子にし、x座標とy座標をそれぞれ、$-L$からLの間で刻み幅ΔLで変化させます。なお、図6.22は$L=4$、$\Delta L=1$として描いたものです。

以上のアルゴリズムに基づいてプログラムを書くと、例6.11になります。

例6.11

```
001  from vpython import *
002  scene = canvas()
003
004  factor = 8.9e9 # 1/4 pi epsilon_0
005  qe = 1.6e-19 # 電気素量
006  charge = sphere(pos = vector(0, 0, 0), radius = 1e-9, color = color.red)
007  q1 = qe
008
009  DL = 3.0 * charge.radius # 空間の刻み幅
010  L = DL * 4.0 # 領域の幅
011
012  for x in arange(-L, L + DL, DL):
013      for y in arange(-L, L + DL, DL):
014          if (x != charge.pos.x) or (y != charge.pos.y):
015              r_E = vector(x, y, 0)
016              r = r_E - charge.pos
017              E = (factor * q1 / mag2(r)) * r.hat
018              arrow(pos = r_E, color = color.white,
019                    axis = 3.0 * charge.radius * E.hat, shaftwidth = 3e-10)
```

9行目では、空間の刻み幅DLを、電荷の半径の3倍に設定しました。また10行目では、領域の幅Lを空間の刻み幅DLの4倍に設定してあります。

14行目のif文の書き方に注意してください。これは素直に日本語にすれば、「xが電荷のx座標と等しくない、または[*9]、yが電荷のy座標と等しくない」ということですが、要は「電荷の位置

[*9] なぜ「かつ」ではなく「または」なのかが気になる方がいるかもしれません。「ド・モルガンの法則」によれば、この記述は「xが電荷のx座標と等しく、かつ、yが電荷のy座標と等しい」ことを否定するのと同じことになります。

以外の格子点」という意味です。このif文がないと、forループの中で電荷の位置（$r=0$）の電場を計算するときに、計算が発散します（式 (6.50) を参照）。

19行目では、arrowオブジェクトの長さを電荷の半径の3倍に設定しました。また、arrowオブジェクトの軸の太さ（shaftwidth）も、見やすくなるように値を決めました。

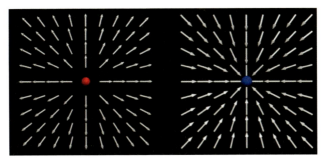

図6.23 電荷のまわりにできる電場の様子。左は正電荷の場合。右は負電荷の場合。

シミュレーションを実行してみると、図6.23の左の図が現れます。点電荷の符号が正なので、全ての電場は外向きになっています。点電荷の符号を負にして、電場が内向きになることを確かめてみましょう（図6.23右の図）。なお、図6.23の右の図では、電荷の符号を視覚的に区別するため、sphereオブジェクトの色を青（color.blue）に変えてあります。

次に正負の2つの点電荷q_1, q_2を置いたときに、空間に生じる電場を計算してみましょう。6.4.1項で解説したように、2つの点電荷が空間に作る電場は、それぞれの点電荷が作る電場の重ね合わせになります。

まず2つの点電荷q_1, q_2を、それぞれ$(-L/2, 0), (L/2, 0)$に置きましょう。電荷の符号は$q_1 > 0, q_2 < 0$とします。先ほどのプログラムを、2つの電荷が作る電場を計算できるように書き換えると、例6.12のプログラムになります[*10]。

例6.12

```
001  from vpython import *
002  scene = canvas()
003
004  factor = 8.9e9  # 1/4 pi epsilon_0
005  qe = 1.6e-19    # 電気素量
006
007  charge1 = sphere(radius = 1e-9, color = color.red)
008  charge2 = sphere(radius = 1e-9, color = color.blue)
009  q1 = qe
010  q2 = -qe
```

[*10] 19行目末のバックスラッシュは、本来1行で書く命令を複数行に分割し、見やすくするためのものです。バックスラッシュを書く必要がない場合もありますが、if文で条件が長くなった行を改行する場合に必要になります。

```
011 :
012 : DL = 3.0 * charge1.radius
013 : L = DL * 6.0
014 : charge1.pos = vector(-L/2, 0, 0)
015 : charge2.pos = vector(L/2, 0, 0)
016 :
017 : for x in arange(-L, L+DL, DL):
018 :     for y in arange(-L, L+DL, DL):
019 :         if (x != charge1.pos.x or y != charge1.pos.y) and \
020 :            (x != charge2.pos.x or y != charge2.pos.y):
021 :             r_E = vector(x, y, 0)
022 :             r1 = r_E - charge1.pos
023 :             r2 = r_E - charge2.pos
024 :             E1 = (factor * q1 / mag2(r1)) * r1.hat
025 :             E2 = (factor * q2 / mag2(r2)) * r2.hat
026 :             E = E1 + E2
027 :             if mag(E) != 0.0:
028 :                 arrow(pos = r_E, color = color.white,
029 :                     axis = 3.0 * charge1.radius * E.hat, shaftwidth = 3e-10)
```

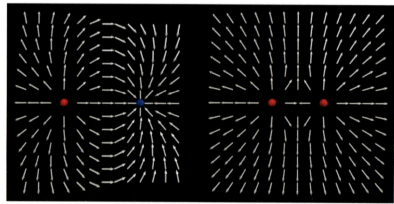

図6.24 2つの電荷の周りにできる電場の様子。
左は正電荷と負電荷の場合。
右は正電荷と正電荷の場合。

26行目で2つの電場を重ね合わせていることに注意しましょう。シミュレーションの結果は、図6.24の左図となります。電場が、正電荷から負電荷の方向に向いていることがわかります。また、両方とも正電荷に変えてプログラムを実行すると、図6.24の右図の結果になります。

最後に、3次元空間に正電荷と負電荷を配置したときの、電場の様子を可視化してみましょう。例6.12のプログラムで、forループを三重の入れ子にし、格子点の z 座標を計算します。ΔL を電荷の半径の3倍に取り、$L = 6\Delta L$ としてプログラムを書くと、例6.13になります。

例6.13（22行目は折り返しマークの箇所を続けて1行で入力）

```
001  from vpython import *
002  scene = canvas()
003
004  factor = 8.9e9 # 1/4 pi epsilon_0
005  qe = 1.6e-19 # 電気素量
006
007  charge1 = sphere(radius = 1e-9, color = color.red)
008  charge2 = sphere(radius = 1e-9, color = color.blue)
009
010  DL = 3.0 * charge1.radius
011  L = DL * 6.0
012
013  charge1.pos = vector(-L/2, 0, 0)
014  charge2.pos = vector(L/2, 0, 0)
015
016  q1 = qe
017  q2 = -qe
018
019  for x in arange(-L, L + DL, DL):
020      for y in arange(-L, L + DL, DL):
021          for z in arange(-L, L + DL, DL):
022              if (x != charge1.pos.x or y != charge1.pos.y or z != charge1.pos ↵
     .z) and \
023                  (x != charge2.pos.x or y != charge2.pos.y or z != charge2.pos.z):
024                  r_E = vector(x, y, z)
025                  r1 = r_E - charge1.pos
026                  r2 = r_E - charge2.pos
027                  E1 = (factor * q1 / mag2(r1)) * r1.hat
028                  E2 = (factor * q2 / mag2(r2)) * r2.hat
029                  E = E1 + E2
030                  if mag(E) != 0.0:
031                      arrow(pos = r_E, color = color.white,
032                          axis = 3.0 * charge1.radius * E.hat,
033                          shaftwidth = 1e-10)
```

　実行結果を図6.25に示します。マウスのドラッグで視点を変えたり、ズームしたりして、いろいろな位置から電場の様子を観察してみましょう。

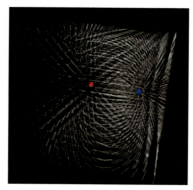

図6.25　2つの電荷の周りにできる3次元の電場の様子。

6.4.3　研究課題

棒磁石の周りに生じる磁場を可視化してみましょう。

磁極の強さを磁荷 q_m で表すと、距離 r を隔てて真空中に置かれた2つの磁荷 q_m と q_m' の間に働く力 $\boldsymbol{F}$ は、

$$\boldsymbol{F} = k\frac{q_m q_m'}{r^2}\hat{\boldsymbol{r}} \quad (6.52)$$

と書くことができます（k は定数）。$\hat{\boldsymbol{r}}$ は2つの磁荷を結んだ方向の単位ベクトルです。

電荷と電荷の間に働くクーロン力の式（6.51）と同じ形をしていることから、$\boldsymbol{F} = q_m \boldsymbol{B}$（真空中）と書き表し、磁荷 q_m は磁場 $\boldsymbol{B}$[*11] から磁気力 $\boldsymbol{F}$ を受けると考えます［17］。

棒磁石のN極とS極をそれぞれ真空中に置かれた2つの磁荷とみなし、棒磁石の周りにできる磁場を2つの磁荷が作る磁場の重ね合わせと考え、磁場を可視化するプログラムを書いてみましょう。例6.13を少し書き換え、点電荷の位置を両端とする棒磁石を描くといいでしょう（図6.26）。

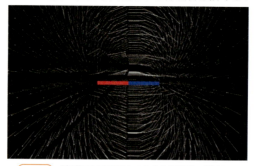

図6.26　棒磁石の周りにできる磁場の様子。

[*11] 正確には「磁場の磁束密度」ですが、ここでは「磁場」と呼ぶことにします。

SECTION 6.5 分子動力学シミュレーション

6.3節では、万有引力を及ぼしあって運動する2つの物体の運動を扱いました。一方、気体を閉じ込めた容器の中では、アボガドロ数オーダーの数の気体分子が、お互いに力を及ぼしあいながら絶え間なく運動しています。このような多数の分子の運動をコンピュータ上に再現し、気体や液体などの系の性質を調べる手法を、**分子動力学シミュレーション**といいます。この節では、簡単な分子動力学シミュレーションを行い、温度やエネルギーといった物理量の計算をしてみましょう。

6.5.1 原理

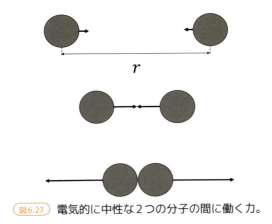

図6.27 電気的に中性な2つの分子の間に働く力。

まずは分子間に働く力のモデル化について学んでおきましょう。

電気的に中性で、球状とみなせる2つの分子が、距離rを隔てて置かれています（図6.27上段）。分子間の距離があまりにも遠いときには、これらの分子の間にはほとんど力が働きません。しかし、分子間の距離が近いとこれらの分子の間に引力が働き、互いに引きあいます（図6.27中段）。これは、原子の周りの電子の分布が偏ることで、分子が見かけ上電気双極子となり、分子間に電気的な引力が働くためです。さらに分子間距離が短くなると、お互いの分子の持つ電子の分布の重なりを避けようとして、強い斥力が働きます（図6.27下段）。

このような分子間に働く力を表すポテンシャルエネルギーのモデルとして、以下の**レナード-ジョーンズポテンシャル**が知られています。

いろいろな物理シミュレーション

$$U(r) = 4\epsilon \left[\left(\frac{\sigma}{r} \right)^{12} - \left(\frac{\sigma}{r} \right)^6 \right] \tag{6.53}$$

ϵとσは、それぞれエネルギーと長さの次元を持つ物性パラメータです。レナード-ジョーンズポテンシャルは、アルゴンやヘリウムなどの希ガス原子間のポテンシャルエネルギーの有効なモデルです。原子の種類は、式（6.53）に含まれる、2つの物性パラメータϵとσの値で決まります（表6.2）。

表6.2 レナード-ジョーンズポテンシャルのパラメーター覧[20]。

原子の種類	ϵ [J]	σ [m]
	$\times 10^{-21}$	$\times 10^{-10}$
アルゴン	1.6539	3.405
ネオン	0.5315	2.786
クリプトン	2.2075	3.639
キセノン	3.0497	3.962

ここで、$U^* \equiv U(r)/\epsilon$、$r^* \equiv r/\sigma$という無次元量を定義すると、式（6.53）は

$$U^*(r^*) = 4 \left[\left(\frac{1}{r^*} \right)^{12} - \left(\frac{1}{r^*} \right)^6 \right] \tag{6.54}$$

と書けることに注意しましょう。この式によって計算されるエネルギーU^*の値は、ϵを単位とした値ということになります。また、分子間の距離r^*も、σを単位とした値になります。レナード-ジョーンズポテンシャルを用いた計算では、ϵとσをそれぞれエネルギーと長さの単位として採用すると、「程よい」大きさの値を扱うことができます[*12]。このような物理量の表し方のことを**無次元化**といいます。

　ここで後のために、エネルギーと長さ以外の物理量も無次元化しておきましょう。質量の単位は、扱う原子の質量とします。もしアルゴン原子から成る系をシミュレーションするのであれば、無次元化された質量をm^*とすれば、

[*12] このことは、天文学の距離の単位として、キロメートルの代わりに天文単位（地球と太陽の間の平均距離）を用いるのと事情が似ています。

$$m_{\text{Ar}} = m_{\text{Ar}} m^* \qquad (6.55)$$

$$\therefore m^* = 1 \qquad (6.56)$$

となります（m_{Ar}はアルゴンの質量）。

時間の単位は、エネルギーの単位ϵと質量の単位m_{Ar}、さらに長さの単位σから作ることができ、

$$\tau = \sqrt{\frac{m_{\text{Ar}} \sigma^2}{\epsilon}} \qquad (6.57)$$

となります。τの次元が時間の次元に等しいことを確かめてください。無次元化された時間t^*は、τを用いて$t^* = t/\tau$で表すことができます。

最後に温度の単位を導入しましょう。温度の単位には、ϵ/k_Bを用います。ここでk_Bはボルツマン定数（1.381×10^{-23}J/K）です。この単位を用いて無次元化された温度は、$T^* = T/(\epsilon/k_B)$で表すことができます。

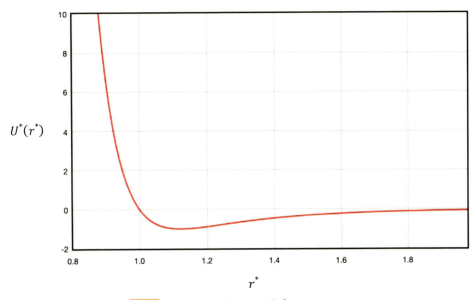

図6.28　レナード-ジョーンズポテンシャル。

図6.28には、式（6.54）の関数形を示しました。横軸と縦軸にはそれぞれ、r^*とU^*を取っています。$r^* > 1 (r > \sigma)$の範囲では、エネルギーの値は負の値であり、r^*の値が大きくなるにしたがって、0に近づいていく様子が見られます。$r^* = 2^{1/6} \sim 1.12$付近にポテンシャルの底があり、$r^* < 1 (r < \sigma)$の範囲では、エネルギーは正の値となります。

ポテンシャルエネルギーと力の関係は、

$$F^*(r^*) = -\frac{dU^*(r^*)}{dr^*} \qquad (6.58)$$

で表されます。式（6.58）の右辺が、$U^*(r^*)$の位置r^*における接線の傾きにマイナスの符号をつけたものであることに注意すれば、$r^* > 1.12$においては、原子を引き戻す方向に力が働くことがわかります。反対に、$r^* < 1.12$においては、原子を退ける方向に力が働くことがわかります。また、ポテンシャルの底（$r^* \simeq 1.12$）では力が働かないこともわかります（接線の傾きが0になります）。

式（6.54）と式（6.58）から、分子間に働く力は、

$$F^*(r^*) = -\frac{dU^*(r^*)}{dr^*} \qquad (6.59)$$

$$= -24\left[2\left(\frac{1}{r^*}\right)^{13} - \left(\frac{1}{r^*}\right)^{7}\right] \qquad (6.60)$$

と表すことができます。

6.5.2　分子動力学シミュレーションの流れ

粒子の初期配置と初期速度を設定する（6.5.3項、6.5.4項）

各粒子にはたらく合力の計算（6.5.5項）

粒子の位置と速度を更新する（6.5.6項、6.5.7項）

粒子の表示と物理量の計算（6.5.8項）

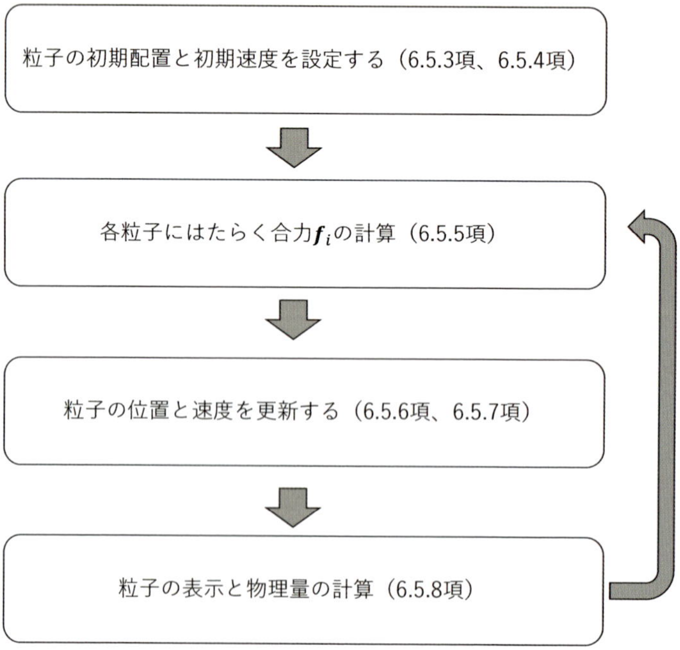

図6.29　分子動力学シミュレーションの流れ。

分子動力学シミュレーション **6.5**

分子動力学シミュレーションの流れを、図6.29にまとめました。まずはシミュレーションする領域に粒子を配置し、各粒子の初期速度を設定します。

次に、各粒子が他の粒子や壁から受ける力の合力を計算します。ある時刻における合力が求まれば、各粒子の運動方程式を数値的に解き、次の時刻の位置と速度が計算できます。このときの計算には、これまでに学んだオイラー法やルンゲ・クッタ法などを使ってもいいのですが、計算の精度と速度を両方保証する計算方法がいろいろと考案されています。この計算方法については6.5.6項で紹介します。

最後に粒子の位置を画面に表示し、温度などの物理量を計算します。これを繰り返すことにより、粒子の運動の様子をアニメーションで表したり、物理量の時間変化をグラフに表します。

6.5.3 | 粒子の初期配置

単純に考えると、6.3節で作成した2体運動のプログラムを、より多くの粒子の運動が扱えるように拡張すればいいのですが、2つの問題があります。

1つ目は、6.3.3項の人工衛星のシミュレーションでは、物体にearthやsatelliteというオブジェクト名をつけて定義しましたが、一般的な分子動力学法では、扱う粒子の数が多いため、粒子一つひとつにparticle1、particle2、・・・などと名前をつけるのは困難だということです。

2つ目は、2体運動の場合と異なり、粒子は周りの全ての粒子から力を受けるので、その合力を計算しなくてはならないということです。粒子数が増えると、それだけ合力の計算に時間がかかることになります。これらの問題を解決するために、ここでは次のような工夫を行います。まず、N個の粒子の位置を次のようなリスト形式で定義することにしましょう。

$$x = [x_0, x_1, \cdots, x_{N-1}] \quad : 位置の x 成分のリスト, \tag{6.61}$$

$$y = [y_0, y_1, \cdots, y_{N-1}] \quad : 位置の y 成分のリスト, \tag{6.62}$$

$$z = [z_0, z_1, \cdots, z_{N-1}] \quad : 位置の z 成分のリスト. \tag{6.63}$$

たとえば、i番目の粒子のx座標を取り出したいのであれば、$x[i]$と指定すればよいわけです。速度に関しても同様に、各成分をリスト形式で保存します。

いろいろな物理シミュレーション

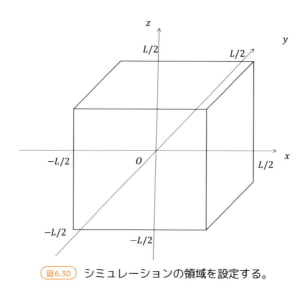

図6.30 シミュレーションの領域を設定する。

粒子を配置する領域は、一辺の長さがLの立方体内とします（図6.30）。x方向の範囲は、$-L/2 \leq x \leq L/2$に設定し、y、z方向も同様の範囲にしました。

原子の初期配置を決める関数をiniposiという名前で定義しましょう。iniposiには、例4.23の単純立方格子のプログラムに基づいてプログラムを書きます。

原子の初期配置を決める関数

```
001  N = 27 # 粒子数
002  L = pow(N, 1/3) # シミュレーション領域の一辺の長さ
003  gap = 1.12 # 格子間隔
004  atoms = []
005  def iniposi():
006      i = 0 # 粒子番号
007      for ix in range(0, L):
008          for iy in range(0, L):
009              for iz in range(0, L):
010                  x[i] = ix * gap - (L - 1) * gap / 2 + 0.1 * r.random()
011                  y[i] = iy * gap - (L - 1) * gap / 2 + 0.1 * r.random()
012                  z[i] = iz * gap - (L - 1) * gap / 2 + 0.1 * r.random()
013                  atoms.append(sphere(pos = vector(x[i], y[i], z[i]), radius=0.1))
014                  i = i + 1
```

1行目で原子の個数（N=27個）を定義しています。そして、Lの値は原子の個数Nの立方根を用いて定義します。

図6.31を用いて原子を配置するアルゴリズムを説明しましょう。説明を簡単にするために、粒

子を1次元の直線上に配置することにし、さらに$L = 3$の場合を考えます。

x軸の原点を起点にし、正の方向に原子を格子間隔a（プログラムの中ではgapという変数名を使っています）で配置します（図6.31 (1)）。格子間隔の値は$a = 1.12$としていますが、これはレナード-ジョーンズポテンシャルの底の位置を表しています（6.5.1項を参照）。各方向の原子の個数をLとすれば、格子の各辺の長さは$(L - 1)a$となります。次に、粒子全体を全体の長さの半分だけ負の方向にずらします（図6.31 (2)）。つまり各原子の座標から$(L - 1)a/2$を引き算すればよいわけです。最後に、0から0.1の間で発生させた乱数を用いて、各粒子の位置を少しだけずらします（図6.31 (3)）。これで規則的な格子点から少しだけずれた位置に、原子を配置することができます。3次元空間に原子を配置する場合には、以上の要領で各原子のx, y, z座標を決めればよいことになります。

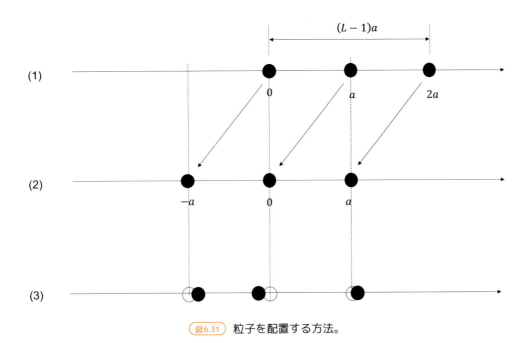

図6.31 粒子を配置する方法。

関数iniposiの4行目に、atomsという空のリストを定義しています。このリストの要素は一つひとつの原子を表すsphere関数です。3.5.5項ではリストの要素として、数値（整数型や小数型）や文字列型のデータを用いましたが、このように関数を要素にすることも可能です。ここではリスト型データに用意されている、appendメソッド（3.7.5項）を用いて要素を追加しています。

いろいろな物理シミュレーション

6.5.4　初期速度の設定

次に粒子の初期速度(v_x, v_y, v_z)を与えます。温度Tの平衡状態にある系を構成するN個の分子の速度分布は、**マクスウェル-ボルツマン分布**

$$f(v_x, v_y, v_z)dv_x dv_y dv_z = \frac{N}{4\pi}\exp\left[-\frac{m(v_x^2 + v_y^2 + v_z^2)}{2k_B T}\right]dv_x dv_y dv_z \tag{6.64}$$

に従うことが知られています。したがって、ある温度を持つ粒子系を用意するためには、速度の各成分を正規分布に従う乱数で決めればよいことになります。そこで、次の**ボックス-ミュラー法**[21]を用いて初期速度の各成分を決定します。

$$v_x = \sqrt{-2\frac{kT}{m}\ln R_1}\cos 2\pi R_2, \tag{6.65}$$

$$v_y = \sqrt{-2\frac{kT}{m}\ln R_3}\cos 2\pi R_4, \tag{6.66}$$

$$v_z = \sqrt{-2\frac{kT}{m}\ln R_5}\cos 2\pi R_6. \tag{6.67}$$

ここで、$R_1, \cdots, R_6$はそれぞれ、0から1の間の互いに独立な一様乱数を表しています。この式を無次元化すると、

$$v_x' = \sqrt{-2T'\ln R_1}\cos 2\pi R_2, \tag{6.68}$$

$$v_y' = \sqrt{-2T'\ln R_3}\cos 2\pi R_4, \tag{6.69}$$

$$v_z' = \sqrt{-2T'\ln R_5}\cos 2\pi R_6. \tag{6.70}$$

となります。このことから、初期速度を決定するプログラムは以下のように書けます。

初期速度を決定するプログラム

```
001  import random as r
002  vx = []; vy=[]; vz=[]
003  T = 2.5
004  for i in range(N):
005      vxd = sqrt(-2.0 * T * log(r.random())) * cos(2.0 * pi * r.random())
006      vyd = sqrt(-2.0 * T * log(r.random())) * cos(2.0 * pi * r.random())
007      vzd = sqrt(-2.0 * T * log(r.random())) * cos(2.0 * pi * r.random())
008      vx.append(vxd)
009      vy.append(vyd)
010      vz.append(vzd)
```

分子動力学シミュレーション **6.5**

vx, vy, vzはそれぞれ粒子の速度のx, y, z成分を保存するリストです。最初空のリストとして定義し、ボックス-ミュラー法で作った速度成分を、appendメソッドを使って追加していきます。

無次元化温度は$T' = 2.5$に設定しました。アルゴン系の温度の単位は$\epsilon/k_B \simeq 1.198 \times 10^2$Kなので、実際の温度は$T = (\epsilon/k_B)T' \simeq 300$Kとなり、およそ室温に相当することになります。

6.5.5 | 合力の計算

次に、粒子に働く合力の計算について考えてみましょう。簡単な例として、3つの粒子から成る系（$N = 3$）について考えてみます。図6.32には、粒子間相互作用の組み合わせを全て示しました。$\boldsymbol{f}_{ij}$は、粒子iが他の粒子jから受ける力を表しています。

0番目の粒子に働く合力を計算するには、1番目の粒子から受ける力と2番目の粒子から受ける力を足し合わせ、

$$\boldsymbol{f}_0^{\text{total}} = \boldsymbol{f}_{01} + \boldsymbol{f}_{02} \tag{6.71}$$

を計算すればよいわけです。この表からわかるように、それぞれの粒子に働く合力を全て計算するには、力の計算を6回行う必要があります。

ここで、粒子間に働く力には、作用・反作用の法則が成り立つことに注目しましょう。粒子iが他の粒子jから受ける力$\boldsymbol{f}_{ij}$を計算しておけば、粒子jが粒子iから受ける力は$-\boldsymbol{f}_{ij}$となるわけですから、わざわざ$\boldsymbol{f}_{ji}$を計算する必要はありません。このことを利用すれば、力の計算は図6.32の網掛けの部分を計算すれば事足りることになります。すなわち、力$\boldsymbol{f}_{ij}(i < j)$を計算すれば十分というわけです。

i \ j	0	1	2
0		$\boldsymbol{f}_{01}$	$\boldsymbol{f}_{02}$
1	$\boldsymbol{f}_{10}$		$\boldsymbol{f}_{12}$
2	$\boldsymbol{f}_{20}$	$\boldsymbol{f}_{21}$	

図6.32 f_{ij}の計算は、$i < j$の条件を満たすペア（網掛けの部分）だけ計算すればよい。

以上のことに注意して、力の計算の部分を簡単なプログラムで書いてみると次のようになります。

いろいろな物理シミュレーション

力の計算

```
001  for i in range(0, N-1):
002
003      fxi = fx[i]
004      fyi = fy[i]
005      fzi = fz[i]
006
007      for j in range(i+1, N):
008
009          rxij = x[i] - x[j]
010          ryij = y[i] - y[j]
011          rzij = z[i] - z[j]
012          rijsq = rxij * rxij + ryij * ryij + rzij * rzij # 距離の2乗
013          sr2 = 1 / rijsq
014          sr6 = sr2**3
015          sr12 = sr6**2
016          fij = 24.0 * (2.0 * sr12 - sr6) * sr2
017
018          fx[i] = fxi + fij * rxij/rijsq
019          fy[i] = fyi + fij * ryij/rijsq
020          fz[i] = fzi + fij * rzij/rijsq
021
022          fx[j] = fx[j] - fij * rxij
023          fy[j] = fy[j] - fij * ryij
024          fz[j] = fz[j] - fij * rzij
025
026      fx[i] = fxi
027      fy[i] = fyi
028      fz[i] = fzi
```

1行目と7行目のforループはそれぞれ、$0 \leq i < N-1$、$i+1 \leq j < N$を表していることに注意しましょう。これでjは常にiより大きい値となります。

なお、重力などの外力が系にはたらく場合は、それも合力の計算に含める必要があります。

6.5.6 │ 粒子の位置と速度の更新

これまで、微分方程式を数値計算で解くために、オイラー法とルンゲ・クッタ法を用いてきました。しかし、オイラー法は計算精度があまり良くなく、ルンゲ・クッタ法は、次の時刻の物理量の計算に時間がかかります（式（5.18）から式（5.21）の4つの量を計算する必要があります）。また、どちらの方法でも、系のエネルギー保存の精度が低いという欠点があります。そこで、多数の

分子動力学シミュレーション **6.5**

粒子の運動方程式を解くためには、高速かつ高精度で、エネルギー保存の精度が高い数値解法が必要となります。

そのための方法の一つとして、ここでは**速度ベルレ法**を紹介します。速度ベルレ法では、次のスキームに従って物理量を時間発展させます。

$$\boldsymbol{r}(t+h) = \boldsymbol{r}(t) + \boldsymbol{v}(t)h + \frac{\boldsymbol{F}(t)}{2m}h^2, \tag{6.72}$$

$$\boldsymbol{v}(t+h) = \boldsymbol{v}(t) + \frac{\boldsymbol{F}(t) + \boldsymbol{F}(t+h)}{2m}h. \tag{6.73}$$

ここで、hは時間幅を表し、$\boldsymbol{r}(t)$と$\boldsymbol{v}(t)$は、それぞれ時刻tにおける粒子の位置と速度を表しています。$\boldsymbol{F}(t)$は粒子に働く力です。力$\boldsymbol{F}(t)$は、加速度$\boldsymbol{a}(t)$と質量mを用いて、$\boldsymbol{F}(t) = m\boldsymbol{a}(t)$と書けることに注意すれば、式（6.72）は、$\boldsymbol{r}(t+h)$を$h$の2次までテイラー展開した式に他ならないことがわかります[*13]。

速度ベルレ法のプログラムを書くときには、ちょっとした工夫が必要となります。なぜなら、式（6.73）を見てみると、時刻$t+h$における速度$\boldsymbol{v}(t+h)$を計算するために、時刻tにおける力$\boldsymbol{F}(t)$だけでなく、時刻$t+h$における力$\boldsymbol{F}(t+h)$も必要となるからです。したがって、次のようなアルゴリズムでプログラムを書きます。

プログラムのアルゴリズム

1. $\boldsymbol{v}_d(t+h) = \boldsymbol{v}(t) + \frac{\boldsymbol{F}(t)}{2m}h$を計算する
2. $\boldsymbol{r}(t+h) = \boldsymbol{r}(t) + h\boldsymbol{v}_d(t+h)$を計算する
3. $\boldsymbol{r}(t+h)$から力$\boldsymbol{F}(t+h)$を計算する
4. $\boldsymbol{v}(t+h) = \boldsymbol{v}_d(t+h) + \frac{\boldsymbol{F}(t+h)}{2m}h$を計算する

速度を2回に分けて計算していることに注意しましょう。まず、式（6.73）のうち、時刻tにおける物理量のみで計算できるパートを計算し、これを$\boldsymbol{v}_d(t+h)$としておきます。時刻$t+h$における位置に基づいて力$\boldsymbol{F}(t+h)$の計算をし、それから時刻$t+h$における速度を計算するという流れです。この順番で計算すれば、式（6.72）、（6.73）で粒子の位置と速度を時間発展させたことになります。これを簡単なプログラムで書くと次のようになります。

```
v = v + f * h / (2.0 * m)
r = r + v * h
f = force(r)
v = v + f * h / (2.0 * m)
```

[*13] 速度ベルレ法の式の導出については、http://polymer.apphy.u-fukui.ac.jp/~koishi/lecture/md_program5/index.phpに詳しい解説があります。

変数rは粒子の位置を表すリストで、force(r)は力を計算するための関数を表しています。上のアルゴリズムに対応していることを確認してください。

6.5.7 　境界条件の設定

分子動力学シミュレーションでは、原子・分子を容器に閉じ込め、系の熱力学的な性質を調べることがあります。その場合、原子・分子を「壁」で囲み、シミュレーションする領域を制限する必要があります。

最も簡単な方法は、原子・分子を跳ね返す壁でシミュレーション領域を設定することでしょう。たとえば、1.4.6項では、剛体球ガス（HardSphereGas-VPython）の分子動力学シミュレーションの様子を紹介しました。シミュレーションの動画を今一度見てみると、剛体球（分子）が容器の壁に衝突すると、壁で跳ね返っていることがわかります。このような境界条件を**固定境界条件**といいます。

固定境界条件をモデル化するための一つの方法は、原子・分子が壁に衝突したら、速度を反転させる方法です。すなわち、原子・分子と壁との衝突を弾性衝突としてモデル化する方法で、1.4.6項剛体球ガスのシミュレーションでも、この方法が用いられています。

固定境界条件を用いて、数百から数千程度の原子・分子のシミュレーションを行う際に、原子・分子の数の少なさが問題になることがあります。現実の熱力学的な系を構成する原子・分子の数は10^{23}のオーダーであり、それらを容器に閉じ込めると、壁と衝突している原子・分子の数は、他の原子・分子の数に比べてはるかに少ないと考えられます。一方、高々数百数千の原子・分子を容器に閉じ込めて、固定境界条件でシミュレーションすると、壁と衝突している原子・分子の割合が多くなり、そのことが全体のシミュレーション結果に影響を及ぼすことがあります。そこで、少数の原子・分子から成る系をシミュレーションする際には、次の**周期的境界条件**が用いられることがあります。

周期的境界条件

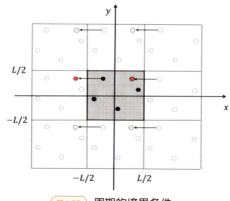

図6.33　周期的境界条件。

分子動力学シミュレーション **6.5**

　周期的境界条件の理解を簡単にするために、2次元の系を考えましょう。

　図6.33の実線で囲まれた領域が、シミュレーション領域を表しています。その周りの、点線で囲まれた8つの領域は、シミュレーション領域を複製したもの（レプリカ領域）とします。すなわち、それぞれのレプリカ領域では、シミュレーション領域と同じ状態が実現していると考えます。

　もし系の時間発展を計算する途中で、粒子がシミュレーション領域の外に出たら（赤い粒子に注目）、反対側の境界からその粒子をシミュレーション領域の中に入れます。たとえば、粒子のx軸方向の運動に関しては、

$$x \rightarrow \begin{cases} x + L & x < -L/2のとき \\ x - L & x > L/2のとき \end{cases} \qquad （6.74）$$

とすればよいわけです。y方向、z方向についても同様の条件を課します。

　周期的境界条件を用いたシミュレーションでは、ある粒子が他の全ての粒子から受ける合力を計算する際に、計算量が膨大になることがあります。このことを防ぐために、粒子間に力が及ぶ**カットオフ距離**を設け、この範囲内にある粒子のみから力を受けるものとして、力の計算を行います。なお、本書のプログラムでは、粒子数が少ない系を扱うため、カットオフ距離は設定しません。

> ### 6.5.8 　物理量の計算

　このシミュレーションでは摩擦などのエネルギー散逸の要因がないため、全エネルギーが常に一定に保たれます（とは言っても、揺らぎはあります）。

　系の全エネルギーEは、

$$E = K + P \qquad （6.75）$$

で表すことができます。ここでKとPは、それぞれ粒子の運動エネルギーの総和と、ポテンシャルエネルギーの総和を表しています。

　粒子の運動エネルギーの総和Kは、次の式で計算できます。

$$K = \frac{1}{2}m\sum_{i=0}^{N-1}|\boldsymbol{v}_i|^2 = \frac{1}{2}mN\langle|\boldsymbol{v}_i|^2\rangle \qquad （6.76）$$

ここで、$\langle\rangle$は平均を表しており、$\langle|\boldsymbol{v}_i|^2\rangle = (1/N)\sum_i|\boldsymbol{v}_i|^2$を用いました。

　ここで計算した運動エネルギーは「並進運動のエネルギー」です。シミュレーションではアルゴン原子を想定しているので、回転運動のエネルギーは考えません。

　また、粒子のポテンシャルエネルギーの総和Pは、次のように計算します。粒子iとそれに力を及ぼす粒子jとの間の距離をr_{ij}とします。式（6.53）より、粒子iが持つポテンシャルエネルギーは、

いろいろな物理シミュレーション

$$U(r_{ij}) = 2\epsilon \left[\left(\frac{\sigma}{r_{ij}} \right)^{12} - \left(\frac{\sigma}{r_{ij}} \right)^{6} \right] \tag{6.77}$$

となります。係数が4ではなく2になるのは、粒子iと粒子jの間で、半分ずつポテンシャルエネルギーを分け合うからです。あとは、jについて和を取った後に、iで和をとればよく、

$$P = \sum_{i} \sum_{j(\neq i)} U(r_{ij}) \tag{6.78}$$

$$= \sum_{i} \sum_{j(\neq i)} 2\epsilon \left[\left(\frac{\sigma}{r_{ij}} \right)^{12} - \left(\frac{\sigma}{r_{ij}} \right)^{6} \right] \tag{6.79}$$

となります。

　系の温度は、次のように計算します。系が温度一定の平衡状態にあるとき、粒子には1自由度あたり$k_B T/2$の運動エネルギーが平均として与えられます。これを**エネルギー等分配則**といいます。今のシミュレーションで扱う系では、1粒子は3つの自由度を持ち、全粒子数はNなので、系全体として

$$\frac{3}{2} N k_B T \tag{6.80}$$

の運動エネルギーを持つことになります。全運動エネルギーは、式（6.76）に等しいので、

$$T = \frac{m}{3k_B N^2} \sum_{i=0}^{N-1} |\boldsymbol{v}_i|^2 = \frac{m}{3k_B N} \langle |\boldsymbol{v}_i|^2 \rangle \tag{6.81}$$

となります[14]。この温度Tのことを、**運動温度**(kinetic temperature)と呼びます。以降、この運動温度のことを、単純に温度と呼ぶことにします。

　なお、無次元化した運動エネルギーと温度は、

$$K' = \frac{1}{2} \langle v_i'^2 \rangle = \frac{1}{2N} \sum_{i=0}^{N-1} v_i'^2 \tag{6.82}$$

$$T' = \frac{1}{3N} \langle v_i'^2 \rangle \tag{6.83}$$

と書けます。

---

[14] 本来、温度の定義には分子の速度ではなく、系の重心に対する分子の相対速度が用いられます。この系の場合は重心は運動しないため、分子の速度を温度の計算に用いています。

分子動力学シミュレーション **6.5**

6.5.9 | シミュレーション

それではいよいよプログラムを書いてみましょう。このプログラムでは、分子の運動をアニメーションで表示すると同時に、温度の時間変化をグラフに表示してみます。少し長いですが、以下のプログラムをセルに入力して実行してみましょう。

例6.14

```
001  from vpython import *
002  import random as r
003  scene = canvas()
004
005  G1 = graph(xtitle = "時刻", ytitle = "温度") # グラフの描画設定
006  F1 = gcurve(graph = G1, color = color.red)
007
008  N = 27 # 粒子の数（整数の3乗）
009  L = pow(N, 1/3)
010  T = 2.5 # 無次元化温度
011  gap = 1.12 # 原子と原子の間隔
012
013  # リストの初期化
014  x = [0.0 for i in range(N)]
015  y = [0.0 for i in range(N)]
016  z = [0.0 for i in range(N)]
017  vx = [0.0 for i in range(N)]
018  vy = [0.0 for i in range(N)]
019  vz = [0.0 for i in range(N)]
020  atoms = []
021
022  def iniposi(): # 粒子の初期配置
023      i = 0 # 粒子番号
024      for ix in arange(0.0, L, 1.0):
025          for iy in arange(0.0, L, 1.0):
026              for iz in arange(0.0, L, 1.0):
027                  x[i] = ix * gap - (L-1) * gap / 2 + 0.1 * r.random()
028                  y[i] = iy * gap - (L-1) * gap / 2 + 0.1 * r.random()
029                  z[i] = iz * gap - (L-1) * gap / 2 + 0.1 * r.random()
030                  atoms.append(sphere(pos = vector(x[i], y[i], z[i]), radius=0.1))
031                  i = i + 1
032      #箱の表示
033      curve(pos=[(L/2, -L/2, L/2), (L/2, L/2, L/2)], color = color.red)
034      curve(pos=[(L/2, L/2, L/2), (L/2, L/2, -L/2)], color = color.red)
035      curve(pos=[(L/2, L/2, -L/2), (L/2, -L/2, -L/2)], color = color.red)
036      curve(pos=[(L/2, -L/2, -L/2), (L/2, -L/2, L/2)], color = color.red)
```

いろいろな物理シミュレーション

```
037     curve(pos=[(L/2, -L/2, L/2), (-L/2, -L/2, L/2)], color = color.red)
038     curve(pos=[(L/2, L/2, L/2), (-L/2, L/2, L/2)], color = color.red)
039     curve(pos=[(L/2, L/2, -L/2), (-L/2, L/2, -L/2)], color = color.red)
040     curve(pos=[(L/2, -L/2, -L/2), (-L/2, -L/2, -L/2)], color = color.red)
041     curve(pos=[(-L/2, -L/2, L/2), (-L/2, L/2, L/2)], color = color.red)
042     curve(pos=[(-L/2, L/2, L/2), (-L/2, L/2, -L/2)], color = color.red)
043     curve(pos=[(-L/2, L/2, -L/2), (-L/2, -L/2, -L/2)], color = color.red)
044     curve(pos=[(-L/2, -L/2, -L/2), (-L/2, -L/2, L/2)], color = color.red)
045
046  def inivel():# 粒子の初期速度
047      for i in range(N):
048          vxd = sqrt(-2.0 * T * log(r.random())) * cos(2.0 * pi * r.random())
049          vyd = sqrt(-2.0 * T * log(r.random())) * cos(2.0 * pi * r.random())
050          vzd = sqrt(-2.0 * T * log(r.random())) * cos(2.0 * pi * r.random())
051          vx.append(vxd)
052          vy.append(vyd)
053          vz.append(vzd)
054      return vx, vy, vz
055
056  def force():# 力の計算
057      fx = [0.0] * N
058      fy = [0.0] * N
059      fz = [0.0] * N
060
061      for i in range(N-1):
062          fxi = fx[i]; fyi = fy[i]; fzi = fz[i]  #; ui = u[i]
063          for j in range(i+1, N):
064              rxij = x[i] - x[j]; ryij = y[i] - y[j]; rzij = z[i] - z[j]
065
066              if (abs(rxij) > 0.5*L):
067                  rxij = rxij - sign(L, rxij)
068              if (abs(ryij) > 0.5*L):
069                  ryij = ryij - sign(L, ryij)
070              if (abs(rzij) > 0.5*L):
071                  rzij = rzij - sign(L, rzij)
072
073              rijsq = rxij * rxij + ryij * ryij + rzij * rzij # 距離の2乗
074              sr2 = 1.0 / rijsq
075              sr6 = sr2**3
076              sr12 = sr6**2
077              fij = 24.0 * (2.0 * sr12 - sr6) * sr2
078              fxij = fij * rxij
079              fyij = fij * ryij
080              fzij = fij * rzij
```

分子動力学シミュレーション **6.5**

```
081
082              fxi = fxi + fxij
083              fyi = fyi + fyij
084              fzi = fzi + fzij
085
086              fx[j] = fx[j] - fxij
087              fy[j] = fy[j] - fyij
088              fz[j] = fz[j] - fzij
089
090          fx[i] = fxi
091          fy[i] = fyi
092          fz[i] = fzi
093
094      return fx, fy, fz
095
096  def sign(a, b): # 関数force内で使用
097      if (b >= 0.0):
098          return abs(a)
099      else:
100          return -abs(a)
101
102  #--- メインプログラム ---
103
104  iniposi() # 初期配置
105  inivel() # 初期速度の設定
106  fx, fy, fz = force() # 力の計算
107
108  t = 0
109  h = 0.001
110  h2 = h/2.0
111  hsq = h**2
112
113  while(t <= 10): # 時間発展
114
115      rate(100)
116
117      for i in range(0, N):
118          xi = x[i] + h * vx[i] + hsq * fx[i] * 0.5
119          yi = y[i] + h * vy[i] + hsq * fy[i] * 0.5
120          zi = z[i] + h * vz[i] + hsq * fz[i] * 0.5
121
122          if xi < -L/2 :
123              xi = xi + L
124          elif xi > L/2:
```

6

251

いろいろな物理シミュレーション

```
125             xi = xi - L
126
127         if yi < -L/2 :
128             yi = yi + L
129         elif yi > L/2:
130             yi = yi - L
131
132         if zi < -L/2 :
133             zi = zi + L
134         elif zi > L/2:
135             zi = zi - L
136
137         vx[i] = vx[i] + h2 * fx[i]
138         vy[i] = vy[i] + h2 * fy[i]
139         vz[i] = vz[i] + h2 * fz[i]
140
141         x[i] = xi
142         y[i] = yi
143         z[i] = zi
144
145     fx, fy, fz = force()
146
147     for i in range(0, N):
148         vxi = vx[i] + h2 * fx[i]
149         vyi = vy[i] + h2 * fy[i]
150         vzi = vz[i] + h2 * fz[i]
151
152         vx[i] = vxi
153         vy[i] = vyi
154         vz[i] = vzi
155
156         xc = x[i]
157         yc = y[i]
158         zc = z[i]
159
160         atoms[i].pos = vector(xc, yc, zc)
161
162 # 温度の計算
163
164     k = 0.0
165     for i in range(0, N):
166         k = k + (vx[i]**2 + vy[i]**2 + vz[i]**2)
167     k = k / N # 速度の2乗の平均を計算する
168     temp = k / (3.0 * N)
```

```
169
170     F1.plot(pos=(t, temp))
171
172     t = t + h
```

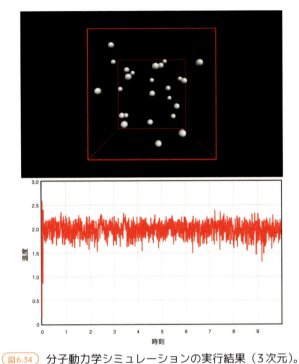

図6.34 分子動力学シミュレーションの実行結果（3次元）。

シミュレーションを実行すると、図6.34のように、アニメーションとグラフが上下に並んで表示されます。図6.34のグラフを見ると、系の温度は$T' = 2.0$程度になっています。

ところで、粒子の初期速度を設定したときには、系の設定温度として$T' = 2.5$という値を使いました。温度が異なった値になるのは、熱平衡化の処理を行わなかったことによるものです。

分子動力学シミュレーションで、系を熱平衡状態にする方法の一つとして、速度スケーリング法と呼ばれる方法があります。これは、系が所望の温度になるように、各粒子の速度を強制的にスケールするというもので、これをしばらく繰り返して系を時間発展させると、最終的に系の温度が所望の温度に等しくなります。

もう一つの方法としては、**熱浴**を導入する方法があります。熱浴とは言わば「ヒーター」のことで、系を所望の温度に設定した熱浴と同じ温度にするという方法です。分子動力学シミュレーションでよく用いられる方法には、能勢-フーバー法やランジュバン法などがあります。紙幅の都合上、この本では説明を省略しますが、興味のある方は調べてみてください。

いろいろな物理シミュレーション

6.5.10 | 研究課題

全エネルギー（並進の運動エネルギーとポテンシャルエネルギーの和）の時間変化を表すグラフを表示するように、プログラムを書き換えてみましょう。

付録 A　色の指定について

　VPythonを用いたプログラムでは、グラフの色やオブジェクトの色などを指定することがあります。たとえば、グラフではbackground属性で背景色、オブジェクトではcolor属性でオブジェクトの色を指定します。これらの属性に色を指定する方法として、色名を直接指定する方法と、RGBを指定する方法があります。

A.1　色名を直接指定する方法

　色を表すパラメータ値を、属性に直接指定します。指定できるパラメータ値と表示される色は、表A.1の通りです。

表A.1　指定できる色の種類。

パラメータ値	表示される色
color.black	黒
color.red	赤
color.green	緑
color.blue	青
color.yellow	黄
color.cyan	シアン
color.magenta	マゼンタ
color.white	白

色名を直接指定した例

```
from vpython import *
scene = canvas()
sphere(color = color.red) # 赤い球体
```

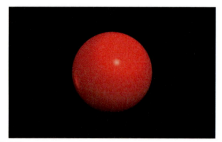

図A.1　色名（color.red）を直接指定した球体。

A.2　RGBを指定する方法

　RGBとは、赤（R）、緑（G）、青（B）の組み合わせで色を表現する方法のことです。5.1節で導入した**vector**を用いて、それぞれの要素を0から1の範囲で指定します。

> **RGBの指定**
> vector(赤の割合, 緑の割合, 青の割合)
> 色の割合は0から1の数値で表す。

　たとえば、vector(1, 0, 0)、vector(1, 1, 1)と書くと、それぞれ赤色（color.red）、白色（color.white）を指定したことになります。以下の例は、球体の色として、R：G：B＝0.5：0.5：1の割合で作成した色（紫色）を指定した場合です。

> **RGBを指定した例**
> ```
> from vpython import *
> scene = canvas()
> sphere(color = vector(0.5, 0.5, 1)) # 紫色
> ```

図A.2　RGBで色を指定した球体。

付録 B　Web VPythonの使い方

自分のパソコンにAnacondaをインストールしたくない場合や、大学等で共用のパソコンを用いてVPythonのプログラムを書く際には、Web VPythonが便利です。ここではWeb VPythonを使うための準備と、本書で紹介したプログラムを動かす際の注意点について解説します。

B.1　準備

インターネットに接続されたパソコンでブラウザを開き、Web VPython (https://glowscript.org) のページにアクセスすると、図B.1のようなページが開きます。

図B.1　Web VPythonのページを開いたところ。現在（2024年10月）の最新バージョンはversion3.2。

表示されたページの右上にある「Sign in」をクリックし、「Googleアカウント」を登録します。登録済みの場合、「アカウントの選択」の画面が出てきますので、使用したいGoogleのアカウントをクリックし、パスワードを入力します。パスワード認証がうまくいくと、ユーザー名をつけるよう促されますので、わかりやすい名前を自分でつけてください。何もしなければ、Googleのアカウント名がユーザー名になります。

Web VPythonの画面に戻り、右上にユーザー名が表示されていれば、登録が完了です。これでプログラムを作成し、保存できるようになりました。

B.2　フォルダの種類と作成

まずはプログラムを保存するためのフォルダを作ってみましょう。

最初の画面の下の方に、「You are signed in as（ユーザー名）and your programs are **here**.」というメッセージが表示されます。「here」の部分をクリックすると、画面が切り替わります。切り替わった画面の上方には、以下の3つのタブが並んでいます。

- MyPrograms（またはPublic）：ここに保存したプログラムは外部に公開することができます。
- Private：ここに保存したプログラムは外部に公開されません。
- Add Folder：新しいフォルダを作成します。

保存したプログラムを外部に公開するかしないかは、後で自分で設定することも可能です。ここでは、試しに新しいフォルダを作成してみましょう。「Add Folder」をクリックし、フォルダ名を「テスト」としてみます。

新しくできた「テスト」タブをクリックすると、フォルダを開くことができます（図B.2）。空のフォルダの場合、次の3つのリンクが表示されます。

- PUBLIC: クリックして、公開する（Public）か公開しない（Private）かを選べます。
- Create New Program: 新しいプログラムを作成します。
- Delete this folder: このフォルダを削除します。
- Icons：保存されたプログラムを、アイコン形式（Icons）で表示するか、リスト形式（List）で表示するかを選べます。

図B.2　フォルダの作成。

B.3 プログラムの作成と実行

「Create New Program」をクリックすると、最初にプログラム名をつけるよう促されます（図B.3）。わかりやすいプログラム名をつけましょう。ここでは「球の表示」という名前にしました。

図B.3　プログラムに名前をつける。

「Create」ボタンを押すとエディタ画面になります。1行目には「Web VPython 3.2」と最初から書かれていますが、この行は消さずに次の行からプログラムを書いてください。2行目に次の命令を書いてみましょう（図B.4）。

```
sphere(color = color.yellow)
```

なおWeb VPythonでは、「from vpython import」の一文を、プログラムの冒頭に書く必要はありません*。

図B.4　エディタ画面。

プログラムを実行するには画面左上にある「Run this program」をクリックします。実行結果（黄色い球体）が表示されるはずです（図B.5）。もう一度エディタ画面に戻るには「Edit this program」をクリックします。

（図B.5） プログラムの実行結果。

　画面の左上には、「（プログラム名） by （ユーザー名）（日付と時間）」と表示されているはずです。ユーザー名をクリックすると、もう一度プログラムの一覧に戻ることができます。プログラムの横にあるリンクの意味は次の通りです。

- Run：プログラムを実行します。
- Edit：エディタ画面を開きます。
- Copy：プログラムの複製を作成します。
- Rename：プログラムの名前を変更します。
- Delete：プログラムの名前を削除します。

Jupyter Notebookで書いたプログラムをWeb VPythonで実行する際の注意点

　本書で作成したプログラムをWeb VPythonで実行する際の注意点を、以下にいくつかまとめておきます。

- 「from vpython import *」という命令は不要。
- 浮動小数点数の桁数がWeb VPythonでは6桁になる。
- Web VPythonでは複素数の計算ができない。
- グラフの描画の際に、「scene = canvas()」という命令は不要（第4章）。
- Web VPythonのプログラムで乱数を扱うときは、randint関数ではなくrandom関数を使う。
- Web VPythonでは、print関数を使わないと変数の値を表示できない。

VPythonで書かれたプログラムをWeb VPython上で実行する際の注意点は、「GlowScript for those who have used VPython」(https://gsdriveapp.appspot.com/docs/GlowScriptDocs/VPython-vs-GlowScript.html)にもまとめられています。Glowscriptは、Web VPythonの旧称です。

付録

C | トラブルシューティング

Q1 セルを実行しても何も起こらない。

A1 プログラムに画面出力する命令が含まれていない場合は、画面に何も出てきません。

Q2 「天体の運動」のプログラムを実行すると、アニメーションが滑らかでない。

A2 rateの値を小さくしてみると、アニメーションが滑らかになることがあります。

Q3 Windowsでバックスラッシュを出す方法は？

A3 Windowsでは「¥」マークがバックスラッシュの代わりとなります。なお、Macで日本語キーボードを用いている場合は、[option] + [¥] でバックスラッシュを出すことができますが、キーボードの設定で、[option] キーを押さなくてもバックスラッシュを出すことができるようになります（「設定」-「キーボード」-「入力ソース」-「"¥"キーで入力する文字」で「バックスラッシュ」を選ぶ）。

Q4 シミュレーション動画をファイルに保存したい。

A4 残念ながらVPythonには動画を保存する命令が用意されていません。そこで、Zoom等のソフトで画面を録画する方法があります。

　Zoomだと選択範囲を録画する機能があるので、シミュレーションを実行した後、範囲を選択して録画するとよいでしょう。他にもWindowsの画面収録機能や、QuickTime（Mac向け）を用いる方法もあります。収録後に、Windows Media Player（Windows向け）やiMovie（Mac向け）を使って、余計な部分をトリミングすれば、シミュレーション動画の完成です。

Q5 Web VPythonにプログラムを書いても動作しない。

A5 エディタ画面の1行目にある、「Web VPython（バージョン番号）」という表記を消してないでしょうか。消してしまうとプログラムが動作しません。

トラブルシューティング **C**

Q6 JupyterLabでVPythonを使いたい。

A6 JupyterLabでVPythonを使うには、専用のパッケージをインストールする必要があります。第2章ではcondaを用いてVPythonパッケージをインストールしましたが、代わりに以下のコマンドを用いて、JupyterLab用のパッケージをインストールしてください。

```
pip install jupyterlab-vpython
```

Q7 Jupyter Notebookの動作がかなり重たく、プログラムがなかなかスタートしない。

A7 カーネルかJupyter Notebookの再起動を行って、もう一度プログラムを実行してみてください。また、すでにJupyter Notebookを使いこなしており、拡張機能を多用している方は、変数インスペクタ機能を使っているかどうか確認してみてください。変数インスペクタ機能を外すと動作が速くなるようです[1]。

Q8 Jupyter Notebookを操作しているうちに、セルを削除してしまった。元に戻したい。

A8 メニューから「Edit」-「Undo Cell Operation」を選びます。

Q9 Jupyter Notebookを操作しているうちに、セルに書いたものを消してしまった。元に戻したい。

A9 Windowsなら［Ctrl］＋［Z］、Macなら［command］＋［z］で操作を取り消す（undo）ことができます。

Q10 グラフを描くプログラムを書いたのだが、パラメータを変更して再度実行してもグラフに変更が反映されない。

A10 プログラムの中に「scene = canvas()」という命令を書いておけば、パラメータを変更して再度実行したときに新しいグラフが表示されます。もしそれでもだめなら、カーネルを再起動してください。

Q11 condaによるVPythonのインストールがうまくいかない。

A11 VPythonのインストールがうまくいかない場合、condaをアップデートするとうまくいく場合があります。Anaconda Prompt（Macならターミナル）上で「conda update conda」とタイプし、「Proceed([y]/n)?」と尋ねられたら、［Enter］キーを押してください。しばらくするとcondaがアップデートされますので、再度VPythonのインストールを試してください。

---

[1]https://qiita.com/Gri_Gra/items/0e2aaa7fa25165171656

付録

付録
D

さらに勉強したい人のための文献リスト

　この本を読んだ後、さらにPythonや物理シミュレーションの勉強を続けたい人向けの文献を紹介します。参考文献リストと一部重複する本もあります。

PythonやVPythonに関して

- 辻真吾『Pythonスタートブック』（技術評論社、増補改訂版、2018）
- 上坂吉則『VPythonプログラミング入門』（牧野書店、初版、2011）
- VPython.org（https://vpython.org/）

　『Pythonスタートブック』は、初心者向けのPythonの解説書です。本書では紹介できなかった文法事項も含め、大変わかりやすく書かれています。Pythonを学ぶ全ての人にお薦めします。
　『VPythonプログラミング入門』は、本書と同じく VPython の日本語の解説書です。Python2.7を用いて書かれていますが、Python3に直して実行することができます。本書で扱わなかった行列の計算などについても取り上げられています。
　VPython.orgはVPythonの開発者によるホームページです。Documentationには、VPythonのマニュアル（英語）があります。また、User Forumで開発者に直接質問することも可能です。

Jupyterに関して

- 池内孝啓、片柳薫子、@driller『PythonユーザのためのJupyter［実践］入門』（技術評論社、改訂版、2020）
- 掌田津耶乃『データ分析ツールJupyter入門』（秀和システム、初版、2018）

　『PythonユーザのためのJupyter［実践］入門』には、Jupyterの操作方法だけでなく、pandasによるデータ解析や、Matplotlibによるグラフの描き方が詳しく説明されています。また、『データ分析ツールJupyter入門』には、NumPyやSymPyの使い方も取り上げられているので、データ分析を行う人にとっては手元に置いておきたい一冊です。

さらに勉強したい人のための文献リスト **D**

数値計算に関して

- R. H. Landau, M. J. Páez, C. C. Bordeianu、秋野喜彦ほか訳『計算物理学I—数値計算の基礎/HPC/フーリエ・ウェーブレット解析—』（朝倉書店、初版、2018）
- R. H. Landau, M. J. Páez, C. C. Bordeianu、秋野喜彦ほか訳『計算物理学II—物理現象の解析・シミュレーション—』（朝倉書店、初版、2018）
- Ruth W. Chabay, Bruce A. Sherwood『Matter and Interactions』（Wiley, 4th ed., 2015）
- 中久喜健司『科学技術計算のためのPython入門』（技術評論社、初版、2016年）

　『計算物理学I〜』と『計算物理学II〜』は、海外では有名なLandau、Páez、Bordeianuによる教科書の日本語訳です。VPythonを使ったシミュレーションプログラムが豊富に取り上げられていますが、こちらもPython3に直してから実行する必要があります。

　『Matter and Interactions』は、VPythonの開発者であるChabayとSherwoodによる、アメリカの物理の学生向けの教科書です。開発者の教科書ですから、VPythonを用いた物理シミュレーションのプログラムが数多く収録されています。それらのプログラムは、Web VPythonのサンプルプログラムにも収録されています。

　『科学技術計算のためのPython入門』は、Pythonを用いた数値計算の解説書です。pandasやNumPyなどのライブラリを駆使した、数値計算の方法が学べます。

付録

参考文献

[1] Ruth W. Chabay, Bruce A. Sherwood『Matter and Interactions』（Wiley, 4th ed., 2015）

[2] 奥村晴彦『LaTeX2ε美文書作成入門』（技術評論社、改訂第8版、2020）

[3] 掌田津耶乃『データ分析ツール Jupyter 入門』（秀和システム、初版、2018）

[4] 池内孝啓、片柳薫子、@driller『Python ユーザのための Jupyter［実践］入門』（技術評論社、改訂版、2020）

[5] 辻真吾『Python スタートブック』（技術評論社、増補改訂版、2018）

[6] 神山新一、佐藤明『分子動力学シミュレーション』（朝倉書店、初版、1997）

[7] 上坂吉則『VPython プログラミング入門』（牧野書店、初版、2011）

[8] 中久喜健司『科学技術計算のための Python 入門』（技術評論社、初版、2016）

[9] Wes McKinney、小林儀匡ほか訳『Python によるデータ分析入門』（オライリー・ジャパン、初版、2013）

[10] 遠藤理平『HTML5による物理シミュレーション 剛体編 物理エンジンの作り方（1）』（カットシステム、初版、2014）

[11] 酒井幸市『WebGL による 物理シミュレーション』（工学社、初版、2014）

[12] 戸田盛和『振動論』（培風館、初版、1968）

[13] G. L. Baker, J. P. Gollub、松下貢訳『カオス力学入門：基礎とシミュレーション』（啓学出版、初版、1992）

[14] 大沢文夫『大沢流 手づくり統計力学』（名古屋大学出版会、初版、2011）

[15] Mark E. J. Newman『Computational Physics』（CreateSpace Independent Publishing Platform, revised and expanded ed., 2013）

[16] 原島鮮『力学』（裳華房、三訂版、1985）

[17] アイザック・ニュートン、中野猿人訳『プリンシピア 自然哲学の数学的原理 第1編 物体の運動』（講談社、初版、2019）

[18] 原康夫『物理学基礎』（学術図書出版社、第5版、2016）

[19] 長倉三郎ほか編『岩波 理化学辞典』（岩波書店、第5版、1998）

[20] Michael Rieth『Nano-Engineering in Science and Technology』（World Scientific, first ed., 2003）

[21] 四辻哲章『計算機シミュレーションのための確率分布乱数生成法』（プレアデス出版、第2版、 2013）

謝辞

本書は、三重大学教育学部の講義「理科情報基礎（物理）」の講義ノートが基になっています。これまでの受講生達には、プログラムのミスや私の勘違いを多数指摘してもらいました。これまでの受講生達に心から感謝します。また、本書のプログラムを実際に動かし、多くの不備を指摘してくれた卒業生の皆さん（神谷康太君、太田智也君、良知美晴さん、三島夕奈さん）にも感謝いたします。

礒部雅晴氏（名古屋工業大学）、成塚拓真氏（立正大学）には、原稿の一部を読んでいただき、貴重なご意見を多数いただきました。また、佐藤明氏（秋田県立大学）には、ご著書に掲載されているプログラムを使用する許可をいただきました。本書の執筆に関わっていただいたこれらの方々に、心より感謝申し上げます。言うまでもありませんが、本書に含まれる誤りは、全て著者の責任に帰するものです。

また、本書の執筆の機会を与えていただき、長年にわたって辛抱強く著者を支えてくださった、技術評論社の佐藤丈樹氏に心から感謝いたします。

最後になりましたが、著者を支え続けてくれている家族に、心より感謝の意を捧げます。

Index

アルファベット

Anaconda	20,21,29
Anaconda Prompt	28,36
appendメソッド	67
arange関数	106
arrow	120
box	130
break文	82
button	144
canvas	103,117,118
conda	28,34,35
cone	123
continue文	83
curve	127
cylinder	121
def	85
False	57,80
float関数	57
formatメソッド	66
for文	60,73,74
f文字列	67,76
gcurve	105
gdots	107
global文	89
Google Colaboratory	43
graph	103
helix	128
if-else文	80,81
if文	80
import文	69
int関数	57,98
Jupyter Notebook	20,36
JupyterLab	43
label	132
len関数	62
list関数	62
menu	146

open関数	95
pip	28,35
print関数	51,61
pyramid	124
Python	10
Pythonファイル	93
randint関数	69,83
randomモジュール	69,83
range関数	60,62
rate関数	110,172
readlinesメソッド	97
replaceメソッド	66
return文	87
ring	133
scene	117
sphere	115,126
splitlinesメソッド	97
splitメソッド	65
sqrt関数	92
str関数	63
sum関数	64
TeX記法	42
True	57,80
uniform関数	69
upperメソッド	65
vector	150
Visual Python	10
VPython	10,20,28,48,147
Web VPython	12,13,258
while文	77
with文	95
writeメソッド	96

ア行

アニメーション	170
余り	46
一階微分方程式	160

インストール	20,21,28,29,34		剛体球	17
インデント	73		剛体球ガス	17
ウィジェット	143		固定境界条件	246
運動温度	248		固定小数点表記	66
運動量保存則	215		コメント	53
エネルギー等分配則	248			
演算記号	47			
演算の優先順位	47			

サ行

円周率	49,66
円錐	123
円柱	121
オイラー法	11,155,156,176,216,244
オブジェクト	114
折れ線	127
折れ線グラフ	105

差分近似	155
差分方程式	156
三角関数	48
三体の運動	222
散布図	107
シーン	114,117
四角錐	124
指数関数	48
四則演算	46

カ行

カーネル	38
カーネルを再起動	94
外積	152
外部ライブラリ	71
カオス	204
科学的記数法	47
確率変数	194
カットオフ距離	247
仮引数	86
関数	61
関数の定義	85
軌跡	178
球	126
境界条件	246
行列	154
虚数単位	47
クーロン力	227
組み込み関数	71
組み込みデータ型	55
グラフ	16,102
グローバル変数	88
光源	139

実行	39
実数	46
実引数	86
ジャイロスコープ	18
周期的境界条件	246
自由落下	172
商	46
条件式	78
条件文	80
小数型	51,55,56
小数点	55,56
常微分方程式	155
照明	139
初期値	74
真偽型	55,57
人工衛星	215,219
数学関数	48,49
数値解法	155,160,163,245
ストーンヘンジ	17
整数型	55
静電場	226
セル	38
セル番号	38

ソーティング	90
速度スケーリング法	253
速度ベルレ法	245

タ行

ターミナル	34,36
第一宇宙速度	215
対数関数	48
対数軸	108
第二宇宙速度	222
単位ベクトル	152
短縮名	70
単純立方格子	14,136
単振動	185
単振り子	52,163,182
地球の公転	216
中心力	214
定数	49
ディストリビューション	20
データ型	55
テクスチャ	115
電気モーター	18
点光源	142
天体の運動	214
点電荷	227
電場	226
等加速度運動	155
等速直線運動	170
トラジェクトリ	196

ナ・ハ行

内積	152
二階微分方程式	163
二重振り子	15,204
熱浴	253
ノートブック	37
箱	130
パッケージ	102
バブルソート	90

パラメータ表示	109
万有引力	214
比較演算子	57,58,78
引数	61
標準偏差	92
標準ライブラリ	71
ファイル	37
ファイル型	96
ファイルの入出力	95
ファイルモード	95
フォルダ	37
複数のグラフ	110,112
複数の命令文	54
複素数	47
物理シミュレーション	11
ブラウザ	36
プログラミング環境	20
分子動力学シミュレーション	18,235,238
分子動力学法	17
平均値	92
平均二乗変位	195
べき乗	46
ベクトル	150
ベクトルの長さ	151
ベクトル場	226
変数	51
放物運動	176,179
ボタン	144,189
ボックス-ミュラー法	242

マ行

マークダウン記法	41
マクスウェル-ボルツマン分布	242
マクスウェル分布	18
マルサス増殖	161
丸め	56,67
無限ループ	83
無次元化	236
メソッド	65

メニュー 146
面心立方格子 136
モジュール 48,69,93,94
文字列型 55,56
戻り値 61

ヤ・ラ行

矢印 120
予約語 52
ライブラリ 10,71
らせん 128
ラベル 132
ランダムウォーク 194,200
リスト型 55,58,67
リング 133
ルンゲ・クッタ法 11,160,163,175,205,244
レナード-ジョーンズポテンシャル 235
レプリカ領域 247
連星の運動 15
ローカル変数 88
論理演算子 78,79

著者プロフィール

國仲 寛人（くになか ひろと）

1973年沖縄県生まれ。博士（人間・環境学）。
三重大学教育学部理科教育講座准教授。専門は統計物理学、物理教育。主にコンピュータシミュレーションを用いて、摩擦や衝突等に関連する力学現象や、自然・社会現象に見られるサイズ分布と確率的成長モデルの研究を行っている。また、物理の授業におけるシミュレーション教材の活用に関する研究も行っている。著書（分担執筆）に『50のキーワードで読み解く経済学教室　社会経済物理学とは何か？』(東京図書) がある。

カバーデザイン　　西岡裕二
本文デザイン　　　松澤維恋（リブロワークス）

● 本書に関する最新情報は、技術評論社ホームページ（https://gihyo.jp/book/）をご覧ください。QRコードからは、書籍情報ページ（https://gihyo.jp/book/2024/978-4-297-14558-3）へ直接アクセスできます。
● 本書へのご意見、ご感想は、技術評論社ホームページ（https://gihyo.jp/book/）または以下の宛先へ、書面にてお受けしております。電話でのお問い合わせにはお答えいたしかねますので、あらかじめご了承ください。

〒162-0846　東京都新宿区市谷左内町21-13
株式会社技術評論社　書籍編集部
『VPythonで見て学ぶ 物理シミュレーション入門』係
FAX：03-3267-2271

VPythonで見て学ぶ　物理シミュレーション入門

2024年11月23日　初版　第1刷発行

著者　　　　國仲 寛人
発行者　　　片岡 巌
発行所　　　株式会社技術評論社
　　　　　　東京都新宿区市谷左内町21-13
　　　　　　電話　03-3513-6150　販売促進部
　　　　　　　　　03-3267-2270　書籍編集部
印刷／製本　港北メディアサービス株式会社

定価はカバーに表示してあります。
本の一部または全部を著作権法の定める範囲を超え、無断で複写、複製、転載、テープ化、あるいはファイルに落とすことを禁じます。

©2024　國仲 寛人

造本には細心の注意を払っておりますが、万一、乱丁（ページの乱れ）や落丁（ページの抜け）がございましたら、小社販売促進部までお送りください。送料小社負担にてお取り替えいたします。

ISBN978-4-297-14558-3 C3042　　　Printed in Japan